江苏省自然科学基金（BK20171197）
江苏省"333高层次人才培养工程"（BRA2016112）
江苏高校品牌专业建设工程二期项目（苏教高函〔2020〕9号）
国家级和省级一流本科专业建设点（教高厅函〔2021〕7号）
资助出版

Application of Virtual Instrument
Technology in Practical of
Engineering Education

虚拟仪器技术
在工程教育实践中的应用研究

潘雪涛 姚 俊 郭 杰 著

江苏大学出版社
JIANGSU UNIVERSITY PRESS
镇 江

内容简介

本书以作者承担的相关科研和教学改革课题工作为基础,围绕虚拟仪器技术在工程教育实践中的应用,系统阐述了基于虚拟仪器技术的复杂测试工程问题的解决方案。全书分为九章,主要内容包括位移测量及静态特性分析系统、远程振动参数测试及动态特性分析系统、多路测温系统、智能探测小车、四旋翼飞行器控制系统、LED结温测试系统、虚拟示波器的设计与实现,并以常州工学院测控技术与仪器专业人才培养为例,介绍了虚拟仪器技术在工程技术人才专业能力培养中的应用探索与实践。本书适合从事计算机测控技术、电子信息技术的工程技术人员,高校教师和本科生使用和参考。

图书在版编目(CIP)数据

虚拟仪器技术在工程教育实践中的应用研究 / 潘雪涛,姚俊,郭杰著. — 镇江 : 江苏大学出版社,2021.12

ISBN 978-7-5684-1544-6

Ⅰ.①虚… Ⅱ.①潘… ②姚… ③郭… Ⅲ.①虚拟仪表－教学研究－高等学校 Ⅳ.①TH86

中国版本图书馆 CIP 数据核字(2021)第 234782 号

虚拟仪器技术在工程教育实践中的应用研究
Xuni Yiqi Jishu Zai Gongcheng Jiaoyu Shijian Zhong De Yingyong Yanjiu

著　　者/潘雪涛　姚　俊　郭　杰
责任编辑/李菊萍
出版发行/江苏大学出版社
地　　址/江苏省镇江市梦溪园巷 30 号(邮编:212003)
电　　话/0511-84446464(传真)
网　　址/http://press.ujs.edu.cn
排　　版/镇江市江东印刷有限责任公司
印　　刷/广东虎彩云印刷有限公司
开　　本/718 mm×1 000 mm　1/16
印　　张/11
字　　数/188 千字
版　　次/2021 年 12 月第 1 版
印　　次/2021 年 12 月第 1 次印刷
书　　号/ISBN 978-7-5684-1544-6
定　　价/56.00 元

如有印装质量问题请与本社营销部联系(电话:0511-84440882)

前　言

　　虚拟仪器技术是现代计算机技术、测量技术和网络技术相结合的产物，经过多年的发展，在工业自动检测领域得到了普遍认可。实践教学是工程教育非常重要的教学环节，对学生解决复杂工程问题能力的培养起着关键的作用。围绕虚拟仪器的工程应用背景和技术优势，结合工程教育的特点，开展虚拟仪器技术在工程教育实践教学中的应用研究，对改善实践教学条件、完善教学方法和教学手段、激发学生的学习积极性和主动性、提高其解决复杂工程问题的能力具有重要的现实意义。

　　本书围绕虚拟仪器技术在工程教育实践教学中的应用，系统阐述了基于虚拟仪器技术的复杂测试工程问题的解决方案。全书分为9章。第1章为绪论，介绍了虚拟仪器的概念、发展现状、测试工程问题的解决思路和流程。第2章为位移测量及静态特性分析系统设计，介绍了位移量的信号采集、数据处理、参数计算、标度变换等功能的设计方法。第3章为远程振动参数测试及动态特性分析系统设计，介绍了利用Data Socket技术完成服务器端和客户端程序设计，并实现振动参数（加速度、速度、位移、振幅、频率等）远程测试的方法。第4章为多路测温系统设计，介绍了测温系统各模块外围电路选择及不确定度评定，数字滤波、非线性补偿、电压温度转换、温度实时显示及信息处理等测温软件的设计方法。第5章为基于NI myRIO的智能探测小车设计，介绍了智能探测小车硬件平台的搭建及探测定位、信息通信、实时控制等功能的软件设计方法。第6章为基于NI myRIO的四旋翼飞行器控制系统设计，介绍了四旋翼飞行器的主要硬件系统架构、模块选型，以及各模块控制系统的软件设计方法。第7章为LED结温测试系统设计，介绍了LED结温的快速测量及其对电压、寿命和光效影响的分析软件设计方法。第8章为基于LabVIEW的虚拟示波器设计，介绍了虚拟示波器的数据采集、波形显示、参数测量、频谱分析及波形存储等功能模块的设计方法。第9章为虚拟仪器技术在工程技术人才专业能力培养中的应用,并以常州工学院测控技术与仪器专业为例,介绍了培养目标、毕业要求和课程体系,基于虚拟仪器技术的复杂工程问题的设计思路,"虚拟仪器应用及项目开发"课程建设的探索与实践,虚拟仪器技术在专业能力提升中的应用等内容。本书内容丰富,有较强的实用性和可操作性,适合从事计算机测控技术、电子信息技术的工程技术人员、高校教师和本科生使用和参考。

本书由常州工学院潘雪涛、姚俊、郭杰共同撰写,其中,潘雪涛撰写第2、3、4、9章,姚俊撰写第1、8章,郭杰撰写第5、6、7章。书中所有项目案例的开发工作都是在常州工学院测控技术实验室完成的,实验教师刘珂琴、张燕、吴强以及10多位测控专业的学生在软硬件开发、系统测试等方面做了很多工作,测控专业教师蔡建文、张美凤、孟飞、王加安等在运用虚拟仪器技术培养学生专业能力方面做了大量工作,在此向他们表示由衷的谢意!本书中涉及的项目开发平台是由上海恩艾仪器有限公司提供的院校版教学软件,同时本书参考和引用了一些专家、学者的研究成果(均已在参考文献中列出),在此一并表示感谢!此外,本书的出版得到了国家级和省级一流本科专业建设点项目(教高厅函〔2021〕7号)、江苏高校品牌专业建设工程二期项目(苏教高函〔2020〕9号)等的资助,不胜感激!

由于作者水平有限,书中难免有不足之处,敬请同行、专家和广大读者批评指正。

目　录

第 1 章

绪 论

1.1 虚拟仪器技术概述

1.1.1 虚拟仪器的产生和发展

测试技术与科学研究、工程实践密切相关。科学技术的发展促进测试技术的发展,测试技术的发展反过来又促进科学技术的提高。测试仪器发展至今,大体经历了四代发展历程。第一代模拟仪器是以电磁感应基本定律为基础的模拟指针式仪表,其结构多为电磁机械式,借助指针来显示最终结果,如指针式万用表。当 20 世纪 50 年代出现电子管、60 年代出现晶体管时,便产生了以电子管和晶体管为基础的第二代测试仪器——分立元件式仪表,如晶体管电压表。20 世纪 70 年代集成电路的出现,促进了以集成电路芯片为基础的第三代仪器——数字式仪表的诞生,数字仪器将对模拟信号的测量转化为对数字信号的测量,并以数字方式输出最终结果,适用于快速响应和较高准确度的测量,如数字电压表、数字频率计等。20 世纪 80 年代,随着微电子技术的发展和微处理器的普及,以微处理器为核心的第四代仪器——智能式仪表迅速普及,智能仪器内置处理器芯片,其功能模块以硬件和固化软件的形式存在,在进行自动测试的同时,又可以进行数据处理。随着微电子技术和计算机技术的飞速发展,测试技术与计算机技术深层次地结合逐渐引起测试技术领域里一场新的革命,一种全新的仪器结构概念驱动了新一代仪器——虚拟仪器的出现,使得人类的测试技术进入了一个新的发展纪元。虚拟仪器(Virtual Instrument,简称 VI)是由美国国家仪器有限公司首先提出来的,它是由计算机硬件资源、模块化硬件,以及用于数据分析、过程通信及图形用户界面的软件组成的测控系统,是一种由计算机操纵的模块化仪器系统。虚拟仪器是用通用计算机硬件加上软件来仿真传统测量仪器,以测量、分析、显示为主,以控制为辅的一种更加先进的科学仪器。

20世纪80年代末美国成功研制了虚拟仪器,虚拟仪器的发展标志着自动测试与电子测试仪器领域技术发展的一个崭新方向。经过40多年的不断发展和进步,虚拟仪器技术从最初的 GPIB 控制发展成为工业上广泛使用的一种通用的技术构架,在众多行业应用中得到认可。无论是 SpaceX 的航天飞船,还是基于5G 的通信测试,或是自主汽车的驾驶控制等,虚拟仪器技术一直在加速科学家和工程师的工程技术创新。所谓虚拟仪器,就是在以通用计算机为核心的硬件平台上,由用户定义、设计具有虚拟面板、测试功能的由测试软件实现的一种计算机仪器系统。使用者只要用鼠标点击虚拟面板,就可以操作这台计算机系统硬件平台,如同使用一台专用电子测量仪器。

虚拟仪器的出现和兴起,改变了传统仪器的概念、模式和结构,使测量仪器与个人计算机的界线变得模糊,并以其特有的优越性显示出强大的生命力,它可以取代测试技术传统领域的各类仪器。除了仪器的输入、输出、数据处理与分析、结果显示等功能外,它还可组成基于计算机网络的虚拟仪器。一个庞大的、复杂的测试系统的测量、输入、输出、结果分析往往分布在不同的地理位置,仅用一台计算机并不能胜任测试任务,需要由分布在不同地理位置的若干计算机共同完成整个测试任务。计算机网络技术、总线技术与数据库技术的发展,乃至 Internet 的发展拓展了虚拟仪器测试系统的应用范围。利用网络技术将分散在不同地理位置不同功能的测试设备联系在一起,可使昂贵的硬件设备、软件在网络内得以共享,减少了设备的重复投资。一台计算机采集的数据可以立即传输到另一台处理分析机上进行处理分析,分析后的结果可被执行机构、设计师查询与使用。这使得数据采集、传输、处理分析成为一体,容易实现实时采集、实时监测,对重要的数据实行多机备份,提高了系统的可靠性。对于危险的、环境恶劣的、不适合工作人员现场操作的数据采集工作,可实行远程采集并将采集到的数据放在服务器中供用户使用。

1.1.2　虚拟仪器的构成与特点

（1）虚拟仪器的构成

虚拟仪器测试系统一般由传感器、信号调理电路、数据采集卡、计算机接口电路和虚拟仪器面板等部分组成,如图1-1所示。

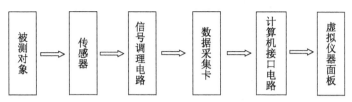

图 1-1　虚拟仪器测试系统的构成

传感器获取待测物理量的信息并将其转换成相应的电信号,经过信号调理电路的信号处理转换成采集设备易于读取的信号,如放大、滤波、衰减、隔离等,数据采集卡通过数模转换将模拟信号转换为数字信号并传输至计算机,计算机中事先编制好的程序按照测试要求进行相应的运算、分析、处理,最终将结果在计算机屏幕上显示出来并进行存储。

从上述过程可以看出,在传感器之后,虚拟仪器对各类物理量测量问题的处理方法是相似的,即通过通用计算机、数据采集卡、标准的测量用开发环境来实现,其测试系统的构建和研发可以采用统一的模式。所以,各种不同虚拟测量仪器的差别主要是传感器及测量分析、计算软件功能不同。虚拟仪器的基本结构也可以统一划分为计算机硬件、仪器硬件和虚拟仪器软件三部分,如图 1-2 所示。计算机硬件可以是各种类型的计算机,如普通台式计算机、便携式计算机、工作站、嵌入式计算机等,它是虚拟仪器的硬件基础。仪器硬件可由数据采集卡、GPIB 接口卡、串行接口、LAN 接口、VXI 接口、工业现场总线等构成,用来完成被测信号的采集和传输。虚拟仪器软件是虚拟仪器的核心部分,用来实现和扩展仪器硬件的功能和控制,对信号进行软件分析与处理,对结果进行表达和输出。

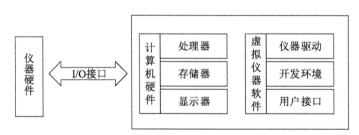

图 1-2　虚拟仪器的基本结构

（2）虚拟仪器的特点

虚拟仪器是利用 PC 计算机显示器(CRT)的显示功能模拟传统仪器的控制面板,以多种形式表达和输出检测结果,利用 PC 计算机强大的软件功能实现信号数据的运算、分析和处理,由 I/O 接口设备完成信号的采集、测量与调理,从而完成各种测试功能的一种计算机仪器系统。

"虚拟"二字主要包括两方面的含义:一是虚拟仪器的面板是虚拟的,二是虚拟仪器的测量功能是由软件编程实现的。

虚拟仪器的特点可归纳为以下几点:

① 通用硬件平台确定后,由软件取代传统仪器中的硬件来完成仪器的功能。

② 仪器的功能是用户根据实际需要由软件定义的,而不是事先由厂家定义的。

③ 仪器性能的改进和功能扩展只需进行相关软件的设计更新,而不需要购买新的仪器。

④ 研制周期较传统仪器大为缩短。

⑤ 虚拟仪器开放、灵活,可与计算机同步发展,可与网络及其他设备互联。

(3) 虚拟仪器的硬件平台

构成虚拟仪器的硬件平台有两个部分:一是实体计算机,一般为一台 PC 机或者工作站,它是硬件平台的核心;二是 I/O 接口设备,主要完成被测输入信号的采集、放大、模数转换,使用中可根据实际情况采用不同的 I/O 接口硬件设备,如数据采集卡/板(DAQ)、GPIB 总线仪器、VXI 总线仪器模块、串口仪器等。

虚拟仪器的硬件构成有多种方案,通常采用以下几种:

① PC 总线插卡型虚拟仪器

这种方式借助插入计算机内的数据采集卡与专用软件构成测试系统。PC－DAQ/PCI 插卡是最廉价的构成形式,从数据采集的前向通道到后向通道的各个环节都有对应的产品。它充分利用了 PC 的机箱、总线、电源及软件资源,但也会受 PC 机箱环境和计算机总线的限制。

② GPIB 总线方式虚拟仪器

GPIB 技术是 IEEE-488 通用接口总线标准的虚拟仪器早期发展阶段。典型的 GPIB 系统由一台 PC、一块 GPIB 接口卡和若干台有 GPIB 接口的仪器通过 GPIB 电缆连接而成。用 GPIB 通用仪器总线方式替代传统的人工操作方式,在计算机控制下可完成复杂的测量。我国几百家厂商的数以万计的仪器都配置了 GPIB 总线，其应用已遍及科学研究、工程开发、医药卫生、自动测试设备、射频、微波等各个领域。

③ VXI 总线方式虚拟仪器

VXI 总线是一种高速计算机总线 VME 在 VI 领域的扩展，它具有稳定的电源、强有力的冷却能力和严格的 RFI/EMI 屏蔽。它具有标准开放、结构紧凑、数据吞吐能力强、定时和同步精确、模块可重复利用、众多厂家支持等优点，因此很快得到了广泛的应用。经过十多年的发展，VXI 系统的组件有利于组建大、中规模的自动测量系统以及对速度和精度要求高的场合，具有其他仪器无法比拟的优势。然而，组建 VXI 总线要求有机箱、零槽资源管理器及嵌入式控制器，造价比较高。

④ PXI 总线方式虚拟仪器

PXI 总线方式是由 PCI 总线内核技术增加了同步触发总线的技术规范和要求形成的。合成 PCI 系统只有 3～4 个扩展槽，使用 PXI 总线方式具有 8 个扩展槽，通过 PCI－PCI 桥接器可形成 256 个扩展槽，形成性价比较高的最新虚拟仪器测试系统。

⑤ 并行总线方式虚拟仪器

并行总线方式虚拟仪器是最新发展的一系列可连接到计算机并行接口的测试装置。它们把仪器硬件集成在一个采集盒内，以完成各种测量功能。

⑥ 串行总线方式虚拟仪器

USB 通用串行总线，是连接计算机系统与外部设备的一种串口总线标准，它使设备具有热拔插、即插即用、自动配置的能力。USB 的级联星形拓扑结构大大扩充了外部设备的数量，使外部设备更加便捷、快速。而 USB 2.0 标准更是将数据传输速率提高到了一个新的高度，因而具有很好的应用前景。由于其价格低廉、用途广泛，特别适合开发研究部门和各种教学实验室使用。

（4）虚拟仪器的应用软件

虚拟仪器的应用软件由两大部分构成：

一是应用程序。它包含两个方面的程序，即具有虚拟面板功能的前面板软件程序和定义测试功能的流程图软件程序。

二是 I/O 接口仪器驱动程序。这类程序用以完成特定外部硬件设备的扩展、驱动与通信。

（5）虚拟仪器的编程语言

开发虚拟仪器必须有合适的软件开发工具。目前，已有多种虚拟仪器软件开发工具被广泛使用。

一是文本式编程语言，如 C 语言、Visual Basic、LabWindows/CVI 等。使用这些语言开发虚拟仪器，需要工程师有较强的编程能力。

二是图形化编程语言，如 LabVIEW、HP VEE 等。图形化软件开发系统是用工程人员所熟悉的术语和图形化符号代替常规的文本语言编程，界面友好，操作方便，可大大缩短系统的开发周期和系统开发人员的负担，使开发人员将主要精力集中投入到系统设计中，而不再是对具体软件细节的推敲上，因此深受专业人员的青睐。LabVIEW 是当前最为流行的图形化开发环境，具有专业人员所熟悉的图形化编程语言和符合国际标准的 IEEE-488.2 接口驱动程序，适合专业人员组建小型的测试系统和较简单的虚拟仪器或者大型系统中某个分系统的编程。

本书所涉及的虚拟仪器设计，均选择了 NI 公司开发的 LabVIEW 作为开发工具。

1.1.3　图形化编程语言 LabVIEW 简介

（1）LabVIEW 概述

LabVIEW（Laboratory Virtual Instrument Engineering Workbench，实验室虚拟仪器工程平台）是一种图形化的编程语言，被工业界、学术界和研究实验室广泛接受，是一个标准的数据采集和仪器控制软件。LabVIEW 集成与满足了 GPIB、VXI、RS－232 和 RS－485 协议的硬件及数据采集卡通信的全部功能。它还内置了便于应用 TCP/IP、ActiveX 等软件的标准库函数。这是一个功能强大且灵活的软件，利用它可以方便地建立自己的虚拟仪器，其图形化的界面使得编程及使用过程更生动有趣。

图形化的程序语言，又称为"G"语言。使用这种语言编程时，基本上不用写程序代码，取而代之的是流程图，尽可能地利用了技术人员、科学家、工程师所熟悉的术语、图标和概念。因此，LabVIEW 是一个面向最终用户的工具。它提供了传统的程序调试手段，如设置断点、单步运行，同时提供了独到的高亮执行工具，使程序动画式运行，有利于设计者观察程序的细节，使程序的调节和开发更为便捷。

利用 LabVIEW 可产生独立运行的可执行文件，32 bit 的编译器编译生成 32 bit 的编译程序,保证了用户数据采集、测试和测量方案的高速执行。同时像许多重要软件一样,LabVIEW 还提供了 Windows、UNIX、Linux、Macintosh 等多种版本,特别是其强大的 Internet 功能还支持常用网络协议,方便网络、远程测控仪器的开发。

(2) LabVIEW 程序的组成

所有的 LabVIEW 应用程序,即虚拟仪器(VI),都包括前面板(Front Panel)、流程图(Block Diagram)以及图标/连接器(Icon/Connector)三个部分。

① 前面板

前面板是图形用户界面,也就是 VI 的虚拟仪器面板。前面板主要由控件组成,前面板控件中的一部分是用户用来向程序中输入数据的,这些控件也叫控制件;另一些控件则是程序用来向用户输出运行结果的,这些控件又叫显示件。控制件和显示件的数据流方向刚好相反。有些前面板上有控制件和显示件两种类型,而有些前面板就给出几种比较常用的控件类型,如开关、旋钮、图形以及其他控制(Control)和显示对象(Indicator)。图 1-3 所示是一个随机信号发生和显示的简单 VI 前面板,上面有一个显示对象,以曲线的方式显示了所产生的一系列随机数,面板上还有一个控制对象——开关,可以启动和停止工作。

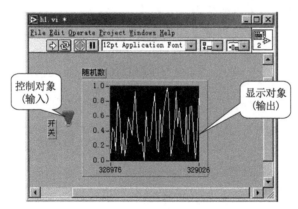

图 1-3　随机信号发生器的前面板

② 流程图

显然,并非简单地画两个控件,程序就可以运行,在前面板后还有一个与之配套的流程图。流程图提供 VI 的图形化源程序,在流程图中对 VI 进行编程,可以控制和操纵定义在前面板上的输入和输出功能。流程图中包括前面板上的控件连线端子,还有前面板上没有但编程必须有的函数、结构和连线等。图 1-4 是与图 1-3 对应的流程图,可以看到流程图中包括前面板上的开关和随机数显示器的连线端子,还有一个随机数发生器的函数及程序的循环结构。随机数发生器通过连线将产生的随机信号送到显示控件,为了使它持续工作下去,设置了一个 While Loop 循环,由开关控制这一循环的结束。

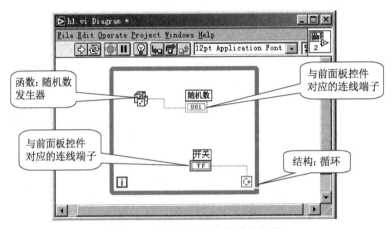

图 1-4　随机信号发生器的流程图

如果将 VI 与标准仪器相比较,那么 VI 前面板上的控件就是仪器面板上的按钮,而流程图上的图标相当于仪器箱内的元件。在许多情况下,使用 VI 可以仿真标准仪器,不仅可在屏幕上显示一个惟妙惟肖的标准仪器面板,而且其功能也与标准仪器相差无几。

③ 图标/连接器

VI 具有层次化和结构化的特征。一个 VI 可以作为一个子程序,称为子 VI(Sub VI),被其他 VI 调用。图标与连接器相当于图形化的参数。这里不再详述。

(3) LabVIEW 编程环境

与一般的程序相比,LabVIEW 提供了 3 个浮动的图形化工具模板,分别是工具模板、控件模板和功能模板。这 3 个模板功能强大、使用方便、表示直观,是用户编程的主要工具。

① 工具模板

如图 1-5 所示,工具模板包括操作工具、定位工具、标注工具、连线工具、弹出菜单工具、滚动工具、断点工具、探针工具、颜色工具和颜色拷贝工具。通过这些工具可以对 VI 进行创建、修改和调试。

图 1-5　工具模板

② 控件模板

控件模板如图 1-6 所示，其中每个工具图标又包含一系列子模板，如数值子模板、布尔子模板、字符串子模板、列表和环子模板、数组和簇子模板、路径和参考名子模板、图形子模板、装饰子模板等。控件模板功能强大，通过这些子模板可以找到创建程序所需的所有对象工具，还可以给前面板增加输入控件和输出指示器。

图 1-6　控件模板

③ 功能模板

功能模板如图 1-7 所示。使用功能模板可创建框图程序。

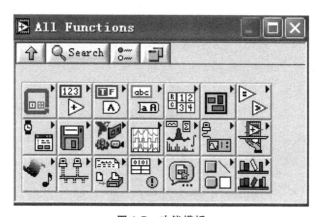

图 1-7　功能模板

模板上每一个顶层图标都表示一个子模板。LabVIEW 框图编程的所有函数按照功能分类都分布在功能模板的子模板里。每个子模板的内容及操作是 LabVIEW 编程最基本、最重要的内容。功能模板包括下列子模板:结构子模板、数值运算子模板、布尔逻辑子模板、字符串子模板、数组子模板、簇子模板、比较子模板、时间和对话框子模板、文件输入/输出子模板、仪器输入/输出子模板、通信子模板、数据采集子模板、分析功能子模板、示教课程子模板、高级功能子模板、选择 VI 子程序子模板、用户库子模板、应用控制子模板和仪器驱动子模板等。通过这些功能子模板,可实现所有 LabVIEW 的应用功能。

(4) LabVIEW 程序调试技术

LabVIEW 除了能提供传统的程序调试手段外,还具有独到的高亮执行工具,有利于程序编制者观察程序的细节,使程序的调节和开发更为便捷。

① 找出语法错误

如果一个 VI 程序存在语法错误,那么面板工具条上的运行按钮就会变成一个折断的箭头,表示程序不能被执行,这时该按钮被称作错误列表。点击该按钮,则 LabVIEW 弹出错误清单窗口,点击其中任何一个并选用 Find 功能,出错的对象或端口就会变成高亮。

② 设置执行程序高亮

在 LabVIEW 工具条中有一个画着灯泡的按钮,这个按钮叫作"高亮执行按钮"。点击这个按钮使它处于高亮状态,再点击"运行"按钮,VI 程序就以较慢的速度运行,没有被执行的代码显示灰色,执行后的代码显示高亮,并显示数据流线上的数据值。这样,就可以根据数据的流动状态跟踪程序的执行。

③ 断点与单步执行

为了查找程序中的逻辑错误,有时希望流程图中的程序一个节点一个节点地执行。使用断点工具可以在程序的某一位置中止程序,用探针或者单步执行方式查看数据。使用断点工具时,点击希望设置或者清除断点的地方,对于节点或者图框断点显示为红框,对于连线断点显示为红点。当 VI 程序运行到断点设置处时,程序被暂停在将要执行的节点处以闪烁表示,按下"单步执行"按钮,闪烁的节点被执行,下一个将要执行的节点闪烁,指示它将被执行。当然也可以点击"暂停"按钮,这样程序将连续执行直到下一个断点。

④ 探针

可用探针工具查看流程图程序流经某一根连接线的数据值。从 Tools 工具模板选择探针工具,再用鼠标左键点击希望放置探针的连接线,这时显示器上会出现一个探针显示窗口,该窗口总是被显示在前面板窗口或流程图窗口的上面。或者在流程图中使用选择工具或连线工具,在连线上点击鼠标右键,在连线的弹出菜单中选择"探针"命令,同样可以为该连线加上一个探针。

1.1.4　虚拟仪器工程问题的解决过程

根据物理量测量的一般过程,将虚拟仪器工程问题的解决过程分为以下步骤,如图 1-8 所示。

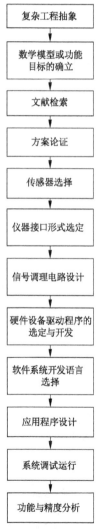

图 1-8　虚拟仪器工程问题的解决过程

首先,将所涉及的复杂工程问题进行技术分解,如分为技术因素和非技术因素两部分。将技术因素进行抽象,建立数学模型和具体功能指标。其次,对国内外先进技术的研究现状进行调研和学术分析,对技术方案进行论证,综合工程问题涉及的社会、环境、伦理等工程因素,评价并选择较为合理的解决方案。再次,进行硬件选型,选定传感器、仪器接口形式,并设计合理的信号调理电路。最后,选择应用程序开发平台进行算法设计和软件系统的模块化开发,完成系统的集中调试与运行,对测试或仿真结果进行功能验证与精度分析,从而实现问题解决和后续优化设计。本书中研制的虚拟仪器就是以此思路进行开发设计的。

1.2 虚拟仪器技术在工程教育实践教学中的应用

1.2.1 工程教育实践教学的现状分析

随着教育教学改革的深化,在实行学科、专业调整以及教学内容和课程体系改革的研究与探讨中,形成的基本共识是教育方式要从应试教育向素质教育转变,专业人才培养要向复合型和创新型转变。深化高等教育改革的核心是教学改革,而实践教学是高等学校教学体系的重要组成部分。实践教学是巩固理论知识、加深理论认识的有效途径,是培养具有创新意识的高素质工程技术人才的重要环节,是理论联系实际、培养学生掌握科学方法和提高动手能力的重要平台,有利于学生素养的提高和正确价值观的形成。对于工程专业教育,课内外实验、课程设计、毕业设计均是实践教学的重要组成部分,都需要学生在教师指导下运用一定的仪器设备、根据规定的任务要求进行独立作业,观察事物的发生和过程的变化,探求事物的规律,以获得知识和技能。它对培养学生的创新意识、动手能力、分析和解决问题的能力有着不可替代的作用。因此,实践教学有其重要意义,特别是对于工科专业的学生来说尤为重要。

目前,国内大多数高等工科院校实践教学中存在的问题主要表现在以下几个方面:

一是实践教学内容依附于理论课程进行划分,没有形成一个有机的整体,缺乏系统的观念;二是实践教学设备重复建设,沉积较多;三是实践教学设备参差不齐,大部分设备落后于课程建设的需要;四是实践教学内容侧重理论的验证和模仿训练,每个学生完成的训练内容千篇一律,将学生的思维限定在一个狭窄的范围内,缺乏对学生创新意识的培养和综合能力的提高;五是滞后的实践教学设备和刻板的教学模式难以调动学生学习的主动性和创造性,实践教学处于应试教育模式。

这些在很大程度上制约了实践教学的发展和人才培养质量的提高。究其原因,在科技迅速发展的今天,有限的教育投入无法满足实验设备价格昂贵、更新速度快的要求。这就要求从事实践教学研究的工作者,开发出能够满足教学要求、物美价廉的教学仪器以提高实践教学水平,培养出高素质的适应时代要求的合格人才。

1.2.2　国内外高校测试技术类课程实践教学现状分析

我国多数高校的工科专业,比如机械设计制造及其自动化、机械电子工程、电子信息工程、测控技术与仪器、自动化、光电信息科学与工程、物联网工程等专业都开设了有关传感器与测试技术的相关课程。这些课程难度较大,实践性很强,需要很好的教学条件保障。美国将这类课程定位为实践类课程,教学目标是通过实践环节提高学生的综合素质和能力,在教学方法上实行课堂教学和实践教学并重,通常每周安排一次 2 小时的课堂教学和 3 小时的实践教学。我国将其定位为专业技术基础课,课程教学目标以向学生传授知识为主,教学方式以教师课堂讲授为主,只含有少量的验证性实验。

中美高校对该类课程的定位不同,导致在教学活动设计上有很大差异。我国侧重书本知识和理论教育,学生的实践训练较为薄弱。美国高校将测试技术定位为实践课,强调对学生工程实践能力、表达交流沟通能力和团队合作精神等综合素质的培养;教学活动以学生为主、教师为辅,学生通过综合型、研究型实验过程中的实验构思、设计、实施和操作环节,掌握课程知识,培养独立思考能力和动手能力。

从该类课程内容来看,美国高校将其定位为实践课程的做法更为合理。但我国不能一味地照搬其做法。开设实践类课程需要良好的开放实验室环境,同时工程量测试主要依靠电压表、示波器、信号记录仪、频谱分析仪等进行数据采集,然后进行分析与处理,因此,若要保证这些综合性测试实验课的开设质量,就要同时购置很多昂贵的教学仪器。然而,在实际使用中可能只用到这些仪器的一小部分功能,要么有些功能用不上,要么有些功能需求该仪器又满足不了。因此,必须更合理地配置教学资源,解决好资金投入与人才培养之间的矛盾。

1.2.3　虚拟仪器技术在工程实践教学中的应用

虚拟仪器的出现很好地解决了上述问题。将虚拟仪器技术应用于实践教学，具有以下优势：

（1）减少教学设备资金的投入

首先，虚拟仪器技术在一台计算机上就可以实现诸如示波器、函数发生器、电压表、频谱分析仪等多种常用仪器的功能，大大降低了购买仪器的成本。

其次，传统仪器维护费用高，需要耗费大量的人力、物力。虚拟仪器基于软件的体系结构大大节省了开发和维护费用。

（2）便于开放式管理，扩大教学规模

虚拟仪器实验系统可以通过网络进行数据传送，指导教师通过计算机监控实验过程，能同时管理几十个甚至上百个学生做实验。

虚拟仪器教学在发达国家已经普及。在美国，虚拟仪器系统及其图形编程语言已作为各大学理工科学生的一门必修课程。美国斯坦福大学的机械工程系要求三、四年级的学生在实验中应用虚拟仪器进行数据采集和实验控制。美国密歇根大学化工系将虚拟仪器技术应用在化学工程教育领域，并设计了多个虚拟实验，一些原型虚拟实验室已通过国际互联网对用户开放，允许通过国际互联网在虚拟实验室进行交互式实验。美国佛罗里达州立大学教育训练研究院建立的虚拟实验系统，能够进行并行计算、实时物理仿真等虚拟实验。德国鲁尔大学网络虚拟实验室是一个有关控制工程的学习系统，它通过直观的三维实验场景视觉效果，依赖各虚拟实验设备的仿真特性，实现对虚拟实验的交互式操作。此外，还有其他虚拟实验系统在国外已开始投入使用。国内很多院校的实验室引入了虚拟仪器系统辅助实践教学。华中科技大学何岭松教授、重庆大学秦树人教授、西安交通大学刘君华教授等也都带领自己的课题组完成了网络化的虚拟实验室开发。

自 2008 年以来，常州工学院在图形化编程语言 LabVIEW 平台上，设计开发了工程量集成测试与分析系统，并将其应用于传感器原理与应用、虚拟仪器技术、测控仪器电路、信号与系统、计算机控制技术等相关课程的实践教学中，节约了大量资金，改善了实践条件，促进了实践教学方法和教学手段的完善，提高了实践教学的伸缩性和适应性。更重要的是，学生熟悉 LabVIEW 开发平台之后，在本系统的基础上，可以开发出更多的虚拟仪器，完成更多的实践项目，提高了学生的学习积极性和主动性，提升了其专业能力。

第 2 章

位移测量及静态特性分析系统设计

2.1 引言

在工程量测试领域中,常见的被测量一般分为静态信号(如位移、质量、温度等)和动态信号(如振动、流量等)。为了获得准确的测试结果,不同的测量对象对测试系统的性能要求也各有不同。这些性能大致可分为两种:静态特性和动态特性。在传感器检测技术、机械工程测试技术等相关课程的教学中,位移测量及系统静态特性分析是很重要的内容,也是必须开设的实践教学项目。目前大多数高校开设的这类实践项目,都是通过位移传感器获取位移信号,经调理电路处理后转换为电信号,用电压表或示波器记录数据,再计算和分析其静态特性。学生在实验室只能记录实验数据,其他的都必须在课后完成,实时性不强,影响了实践教学效果。本章设计的基于 LabVIEW 的位移测量及静态特性分析系统,可以实时完成信号采集、数据处理与分析,得到系统的各项性能指标,同时可通过标度变换实现位移测量,并且完成存储、打印、管理等功能。

2.2 位移测量系统概述

2.2.1 位移测量系统的基本构成

位移测量系统的基本构成如图 2-1 所示。

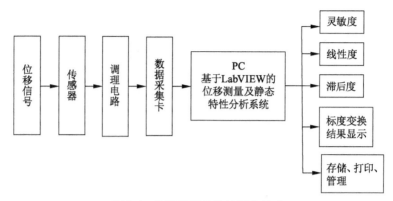

图 2-1　位移测量系统的基本构成

2.2.2　测量系统静态特性

测量系统静态特性是指被测量的各个值处于稳定状态时,测量系统输出量与输入量之间的关系。反映静态特性的技术指标主要是线性度、滞后度、灵敏度等。下面对这几个概念及其计算方法进行介绍。

（1）线性度

线性度是指测量装置的输出与输入之间保持常值比例关系的程度。在静态情况下,用实验来确定被测量的实际值和测量装置指示值之间函数关系的方法称为静态校准,由此得到的关系曲线称为校准曲线。通常,校准曲线并非直线,为了使用简便,总是以线性关系来代替实际关系。为此,需要用直线来拟合校准曲线,校准曲线接近拟合直线的程度就是线性度,如图 2-2 所示。

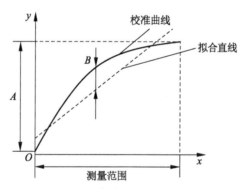

图 2-2　校准曲线与拟合直线示意图

作为技术指标,线性度一般采用非线性误差来表示(装置标称输出范围为 A,校准曲线与拟合直线的最大偏差为 B)。这里线性度 ξ_L 采用相对误差

表示为

$$\xi_{\mathrm{L}} = \frac{B}{A} \times 100\%$$ (2-1)

常用拟合直线的方法有理论拟合、两端点连线拟合、最小二乘拟合、最小包容拟合等。目前使用较多的是最小二乘拟合。本设计也采用这种拟合方法。

所谓最小二乘拟合,就是拟合直线为最小二乘直线。最小二乘直线与校准曲线间的偏差的平方和最小,即满足最小二乘条件。采用最小二乘拟合时,设拟合直线方程为 $y = kx + b$,若实际校准试点有 n 个,则第 i 个校准数据与拟合直线上相应值之间的偏差为

$$\Delta_i = y_i - (kx_i + b)$$ (2-2)

最小二乘法拟合直线的原理是使 $\sum\limits_{i=1}^{n} \Delta_i^2$ 为最小,即

$$\sum_{i=1}^{n} \Delta_i^2 = \sum_{i=1}^{n} [y_i - (kx_i + b)]^2$$ (2-3)

最小。也就是使 $\sum\limits_{i=1}^{n} \Delta_i^2$ 对 k 和 b 的一阶偏导数等于零,即

$$\frac{\partial}{\partial k} \sum_{i=1}^{n} \Delta_i^2 = 2 \sum_{i=1}^{n} (y_i - kx_i - b)(-x_i) = 0$$ (2-4)

$$\frac{\partial}{\partial b} \sum_{i=1}^{n} \Delta_i^2 = 2 \sum_{i=1}^{n} (y_i - kx_i - b)(-1) = 0$$ (2-5)

从而求出 k 和 b 的表达式为

$$k = \frac{n \sum\limits_{i=1}^{n} x_i y_i - \sum\limits_{i=1}^{n} x_i \sum\limits_{i=1}^{n} y_i}{n \sum\limits_{i=1}^{n} x_i^2 - \left(\sum\limits_{i=1}^{n} x_i \right)^2}$$ (2-6)

$$b = \frac{\sum\limits_{i=1}^{n} x_i^2 \sum\limits_{i=1}^{n} y_i - \sum\limits_{i=1}^{n} x_i \sum\limits_{i=1}^{n} x_i y_i}{n \sum\limits_{i=1}^{n} x_i^2 - \left(\sum\limits_{i=1}^{n} x_i \right)^2}$$ (2-7)

在获取 k 和 b 之后即可获得拟合直线,然后按式(2-2)求出偏差的最大值,记为 B,将 B 的值代入式(2-1),就可求出非线性误差。

(2) 滞后度

测试系统在正(输入量增大)反(输入量减小)行程输出-输入曲线的不

重合程度,称为滞后度。滞后度也称为回程误差,它反映在实际测试系统中当输入量由小增大或由大减小时,对于同一个输入值将得到不同大小的输出。如图 2-3 所示,若 H 为进回程最大偏差,则滞后度 ξ_H 可表示为

$$\xi_H = \frac{H}{A} \times 100\% \tag{2-8}$$

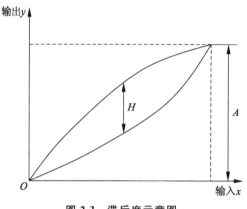

图 2-3 滞后度示意图

(3)灵敏度

灵敏度是指静态测量时,输出的变化量与输入的变化量之比。对于理想的线性定常系统,灵敏度应为常数;对于实际的测试系统,常用拟合曲线的斜率作为灵敏度。

2.2.3 标度变换

生产过程中的各种参数都具有不同的量纲和数值变化范围,经一次测量仪表输出的信号变化范围也不相同,如热电偶的输出为毫伏信号、电压互感器的输出为 0~100 V、电流互感器的输出为 0~5 A 等。所有这些具有不同量纲和数值范围的信号又都经过各种形式的变送器转化为统一信号范围(如0~5 V),并可以经过 A/D 转换成数字量。为了实现显示、打印、记录或报警等功能,还必须把这些数字量转换成具有不同量纲的数值,以便操作人员进行监视和管理,这就是所谓的标度变换,也称为工程量转换。

本设计通过线性参数的标度变换进行位移测量。所谓线性参数,是指一次测量仪表测量值与 A/D 转换的结果具有线性关系,或者说一次测量仪表是线性刻度的。其标度变换公式为

$$A_x = A_0 + (A_m - A_0)\frac{N_x - N_0}{N_m - N_0} \tag{2-9}$$

式中，A_0 为一次测量仪表的下限；A_m 为一次测量仪表的上限；A_x 为实际测量值（工程量）；N_0 为仪表下限对应的数字量；N_m 为仪表上限对应的数字量；N_x 为测量值所对应的数字量。

其中，A_0，A_m，N_0，N_m 对于某一个固定的被测参数来说是常数，对于不同的参数有不同的值。为使程序简单，一般把被测参数的起点（输入信号为0）所对应的 A/D 输出值定为 0，即 $N_0=0$，则式(2-9)可简化为

$$A_x = A_0 + (A_m - A_0)\frac{N_x}{N_m} \tag{2-10}$$

如果把实际值作为纵轴（y 轴），把实际值所对应的数字量作为横轴（x 轴），则可作出图 2-4 所示的坐标图。

由图 2-4 可知，式 $\dfrac{A_m - A_0}{N_m}$ 为直线的斜率（灵敏度），将其设为 k，A_0 为直线在纵轴上的截距，设为 b，则在实际的位移测量过程中，由式(2-10)可知，输入电压值 V 与位移值 L 的关系式为 $V=kL+b$。

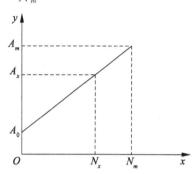

图 2-4　线性参数标度变换示意图

灵敏度 k 和截距 b 可通过标定由静态特性分析得到。因此，位移测量时，其值 L 随着输入电压值 V 的变化而变化，它们的关系式可表示为

$$L = \frac{V-b}{k} \tag{2-11}$$

2.3　位移测量与静态特性分析软件设计

本设计实验用的装置是杭州赛特传感技术有限公司提供的 CSY-2000C 型传感实验台。实验时，被测位移信号由位移传感器（差动变压器）和调理电路采集、处理后转换为标准正弦电信号，通过 PCI-6014E 数据采集卡将信号传入 PC，再由软件进行数据处理和分析。

2.3.1　信号采集单元程序设计

在数据采集卡驱动程序中建立一个名为"disp"的通道，在输入、输出控件前面板图标中输入或在下拉列表中选中该通道名，程序就选择了该通道作为信号输入通道。

数据采集函数为 AI Acquire Waveform.vi，该函数的作用是按指定的采

样率由一个通道得到一个波形（一组覆盖一个周期的样本），这些样本会返回到一个 waveform 数组。在数据采集卡的驱动程序中可以设置采集的各个参数，比如通道名、样本数、采样率等。由于采集到的正弦信号的峰-峰值反映的是位移大小，因此在程序中使用了函数 Amplitude and Levels，输入的正弦波信号接入该函数的 Signal in 信号输入端，经函数处理后的信号峰-峰值从函数的 Amplitude 端口输出。

信号采集单元程序框图如图 2-5 所示。

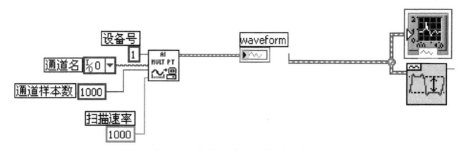

图 2-5 信号采集单元程序框图

2.3.2 测量及数据查询单元程序设计

实验中，输入一个标准位移值 x，就会采集到一个对应的电压值 y。程序测量部分需要实现将位移值 x 和电压值 y 记录在一个电子表格文件下，进回程数据需要记录在不同的文件内。实验结束后，还需要实现对操作过程中历史数据的查询和显示。这些功能主要是通过 LabVIEW 中数组的记录与查询等功能实现的。测量及数据查询程序框图如图 2-6 和图 2-7 所示。

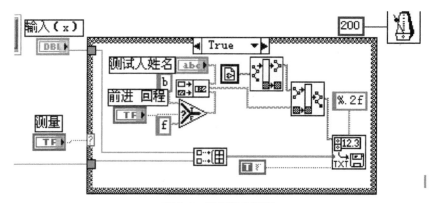

图 2-6 测量程序框图

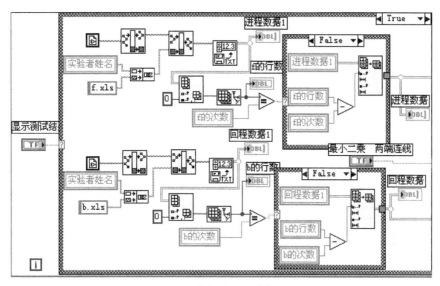

图 2-7　数据查询程序框图

2.3.3　特性参数计算单元程序设计

测量数据记录结束后,运用相应算法可以实现特性参数的计算。本设计采用最小二乘法确定拟合直线,其斜率的值就是系统的灵敏度。得到拟合直线和校准曲线后,计算出两者之间的最大偏差,根据式(2-1)可得到线性度。同样,通过测量进回程数据,可以得到进回程曲线及最大偏差,根据式(2-8)可得到滞后度。LabVIEW 中能实现最小二乘拟合的是 Linear Fit 函数,其图标及输入输出端口如图 2-8 所示。线性度、滞后度、灵敏度特性参数计算程序框图如图 2-9 所示。

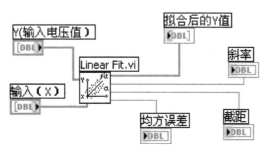

图 2-8　Linear Fit 函数图标及输入输出端口

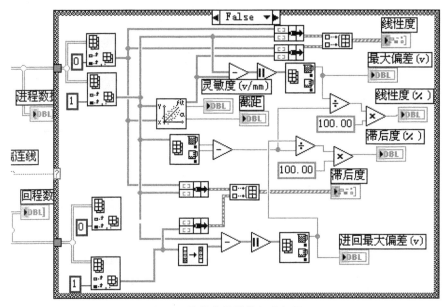

图 2-9 特性参数计算程序框图

2.3.4 标度变换单元程序设计

得到测量系统的灵敏度 k 和截距 b 后，由式(2-11)可编写图 2-10 所示的位移测量程序，并实时显示当前位移值和位移的变化趋势。

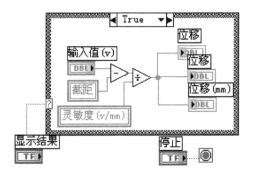

图 2-10 位移测量程序框图

2.4 程序总体设计及实验

2.4.1 位移测量及静态特性分析前面板设计

位移测量及静态特性分析软件前面板分为三个界面——特性分析界面、

位移测量界面、使用说明界面，通过按键控制显示不同的界面进行测试。特性分析和位移测量前面板如图 2-11 和图 2-12 所示。整个软件的总程序框图如图 2-13 所示。

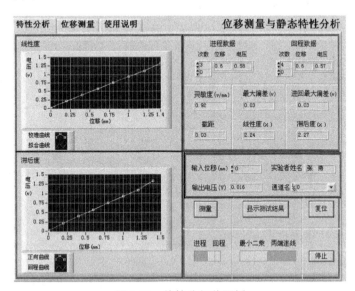

图 2-11 特性分析前面板

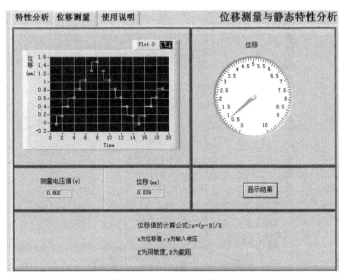

图 2-12 位移测量前面板

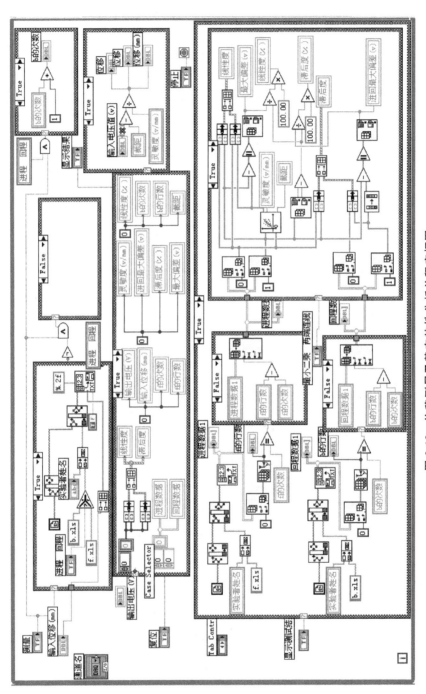

图 2-13 位移测量及静态特性分析总程序框图

2.4.2　实验及数据分析

（1）实验环境

本实验调试是在常州工学院测控技术实验室进行的，杭州赛特传感技术有限公司生产的 CSY－2000C 系列传感器与检测技术实验装置提供了位移传感器（简易差动变压器）、信号源、调理电路板，数据采集卡、接口板使用的是 NI 的 PCI－6014E。差动变压器安装在实验模板上，如图 2-14 所示。实验连线如图 2-15 所示。

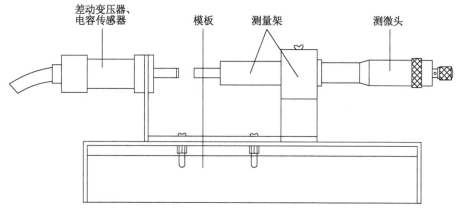

图 2-14　差动变压器安装示意图

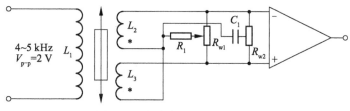

图 2-15　差动变压器实验连线图

（2）实验步骤

① 差动变压器的激励信号由实验台的音频振荡器给出，输出信号频率为 4～5 kHz，幅度即峰-峰值 $V_{p-p}＝2$ V。

② 调节螺旋测微头及可调电阻，使差动变压器的输出为最小，则该位置为零点，标准位移值记为 0，按下软件的"测量"键测量第一个值。

③ 将螺旋测微头旋进 0.2 mm，同时在特性分析界面输入位移值 0.2 mm，按下"测量"键，记录此时输出的电压值。这样重复测量多次，完成进

程的测量。

④ 将"进回程"按钮调至"回程"挡,将螺旋测微头向相反方向移动,按照第③步的方法完成回程的测量。

⑤ 所有数据测量完毕,点击"显示测试结果"按钮,软件自动完成特性参数的计算,并显示各种曲线。本次实验的结果及其显示见图 2-11。

⑥ 系统经过上述过程已完成标定,这时再切换至位移测量界面,任意旋转螺旋测微头的位置,就可测出此时的位移值。位移测量结果及其显示见图 2-12。

(3) 实测数据分析

实验组按照上述实验步骤进行了多次实验,由于篇幅受限,这里只给出其中一组数据,如表 2-1 所示,其静态特性分析结果显示于前面板的相应位置(见图 2-11)。在特性分析前面板的进程数据和回程数据区输入测量点序号,就可查出测量数据。程序将每次测量的数据以电子表格的形式存储在计算机中,随时可以查询。

表 2-1　测量数据表

序号	进程位移/mm	输出电压/V	序号	回程位移/mm	输出电压/V
1	0.0	0.017	1	1.4	1.340
2	0.2	0.224	2	1.2	1.130
3	0.4	0.400	3	1.0	0.920
4	0.6	0.584	4	0.8	0.760
5	0.8	0.760	5	0.6	0.572
6	1.0	1.936	6	0.4	0.413
7	1.2	1.100	7	0.2	0.223
8	1.4	1.340	8	0.0	0.016

将螺旋测微头作为标准位移量,每旋转 0.2 mm,在位移测量面板读一次位移值,标准位移与测量位移数据如表 2-2 所示。

表 2-2　标准位移与测量位移数据

序号	进程标准位移/mm	进程测量位移/mm	偏差/mm	序号	回程标准位移/mm	回程测量位移/mm	偏差/mm
1	0.0	0.029	0.029	1	1.4	1.448	0.048
2	0.2	0.231	0.031	2	1.2	1.242	0.042
3	0.4	0.416	0.016	3	1.0	1.049	0.049
4	0.6	0.635	0.035	4	0.8	0.831	0.031
5	0.8	0.832	0.032	5	0.6	0.646	0.046
6	1.0	1.036	0.036	6	0.4	0.424	0.024
7	1.2	1.247	0.047	7	0.2	0.233	0.033
8	1.4	1.444	0.044	8	0.0	0.032	0.032

第 3 章

远程振动参数测试及动态特性分析系统设计

3.1 引言

在工程测试技术类相关课程中,振动参数测试及系统动态特性分析是一个难点。目前大多数高校开设的实验都是对单自由度振动系统受迫振动的测试与分析,即通过对悬臂梁施加标准正弦激励使其产生振动,然后用传感器(差动变压器、压电传感器、电涡流传感器等)获取振动信号(位移信号或加速度信号),经调理电路处理后转换为电信号,用示波器、频谱仪等记录波形,然后计算和分析其动态特性。其硬件电路复杂,所用仪器设备较多,且非常昂贵。本章设计的振动参数测试及动态特性分析软件充分利用 PC 的强大计算功能对采集信号进行频谱分析,完成各特征参数的测量。同时为增加学生参与实验的机会,实验设计为基于计算机网络的远程实验。教师在实验室采集并发布信号,学生只要在客户端的振动测试程序中准确填写服务器端计算机的 IP 地址或网络标识名,就可以像用自己的机器采集数据一样完成振动测试。

3.2 振动系统特性测试概述

3.2.1 测试系统结构

测量机械结构的动态参数(固有频率、阻尼比),首先应激励被测对象,使其按测试的要求做受迫振动或自由振动(即对系统输入一个激励信号),以此来测定输入(激励)、系统的传输特性(频率响应函数)、输出(响应)三者的关系。机械结构的动态参数测试系统框图如图 3-1 所示。

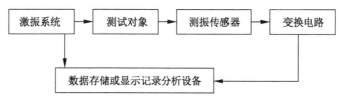

图 3-1　机械结构的动态参数测试系统框图

常用的激振方式有三类:稳态正弦激振、瞬态激振及随机激振。由于实验中使用的是正弦激振,因此这里仅对其做简单介绍,其余激振方式不再详述。

稳态正弦激振法是指由扫频信号发生器发出正弦信号,对被测对象施加稳定的单一频率正弦激振信号的方法,其激振信号幅值是可控制的。由于对被测对象施加了激振信号,使它产生了振动,故可精确地测出激振力的大小、相位,以及各点响应的大小、相位,从而获得各点的频率响应函数。应该注意,为测得整个频率范围内的频率响应,必须无级或有级地改变正弦激振力的频率,这一过程称为频率扫描或扫描过程。在扫描过程中,应采用足够缓慢的扫描速度,以保证分析仪器有足够的响应时间,并使被测对象处于稳定的振动状态,这对于小阻尼的系统尤为重要。

3.2.2　振动参数的测试分析方法和参数估计

(1)测试分析方法

振动参数测试方法按振动信号转换后的形式可分为电测法、机械法和光学法。目前广泛使用的是电测法。电测法是将被测试件的振动量转换成电学量,而后用电学量测试仪器进行测量。它的优点是灵敏度高,频率范围、动态范围和线性范围宽,便于分析和遥测。

通过测振仪表对传感器检测到的振动信号进行处理,可以得到振动信号的位移、速度或加速度值,并以峰值、平均值或有效值等方式进行显示。这类仪表一般包括微积分电路、放大器、电压检波器和表头,它只能获得振动强度(振级)的信息,而不能获得振动其他方面的信息。为了获得更多的信息,还需对振动信号进行频谱分析,求出系统的幅、相频率特性,再采用一定的数学方法得到其固有频率、阻尼比和振型等参数。

(2)参数估计

测试振动系统特性的目的是确定机械结构的动态参数,如固有频率、阻尼比和振型。对单自由度系统,其特性参数固有频率 ω_n 和阻尼比 ξ 的测定通常用瞬态激振(自由振动法)或在某固有频率附近的稳态进行正弦激振(共振法)。本书对共振法进行参数估计。

利用稳态正弦激振方法,可得到被测试件的频率响应曲线,再利用幅频特性曲线对单自由度系统的动态参数进行估计。在图 3-2 所示的二阶系统幅频特性曲线中,幅值最大处的频率称为共振频率 ω_r,它一般不等于系统的固有频率 ω_n。共振频率与固有频率的关系为

$$\omega_r = \omega_n \sqrt{1-\xi^2} \tag{3-1}$$

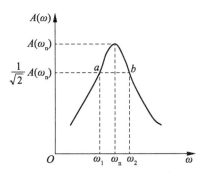

图 3-2　二阶系统幅频特性曲线示意图

在小阻尼情况下,一般认为 $\omega_r = \omega_n$,可利用位移幅频特性曲线估计阻尼比。由于 $\omega_r = \omega_n$,因此 $A(\omega_n) = \dfrac{1}{2\xi}$,它非常接近共振振幅峰值。将 $\omega_1 = (1-\xi)\omega_n$ 和 $\omega_2 = (1+\xi)\omega_n$ 代入单自由度系统的幅频特性公式,可得

$$A(\omega_1) = \frac{1}{2\sqrt{2}\,\xi} \approx A(\omega_2) \tag{3-2}$$

在幅频特性曲线共振振幅的 $\dfrac{1}{\sqrt{2}}$ 处作一条水平线交曲线于 a、b 两点,则其对应频率 ω_1 和 ω_2 的阻尼比估计值为

$$\xi = \frac{\omega_2 - \omega_1}{2\omega_n} = \frac{\Delta\omega}{2\omega_n} \tag{3-3}$$

3.3　振动参数测试与动态特性分析软件设计

本设计的振动实验是在 CSY-2000C 型传感器与检测技术实验台上进行的。激振信号由实验台给出,使被测悬臂梁产生振动,由压电加速度传感器

拾振,由调理电路模板进行放大、滤波或隔离等预处理,再经过数据采集卡将信号传给 PC。软件部分设计为基于计算机网络的系统,它由服务器端和客户端两大部分组成。服务器端的计算机运行振动测试程序,采集被测对象的加速度信号传输到计算机网络,在客户端的程序中填写服务器端计算机的 IP 地址或网络标识名,就可以像用自己的机器采集数据一样完成振动测试。

3.3.1　服务器端程序设计

服务器端程序主要完成信号采集与发送以便客户端进行特性分析,同时,它也进行振动信号的频率分析,便于监测实验测量过程。服务器端工作流程如图 3-3 所示。

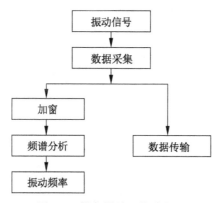

图 3-3　服务器端工作流程图

数据发送程序的功能是将采集到的数据发送到指定的地址中,当网络传输错误时,指示灯亮。这里采用了 LabVIEW 网络通信技术中的 Data Socket 技术。数据传输中的发送部分用到 Data Socket 节点的 Data Socket Write 节点,其图标如图 3-4 所示。

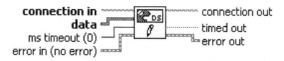

图 3-4　Data Socket Write 图标

程序中打开和关闭数据传输服务器 Data Socket Server 的 VI,直接调用了 LabVIEW 自带的 Data Socket Server Control VI,该 Data Socket 节点的名称为 Data Socket Write,功能是将数据写到 URL 指定的链接中。数据发送部分的程序框图如图 3-5 所示。

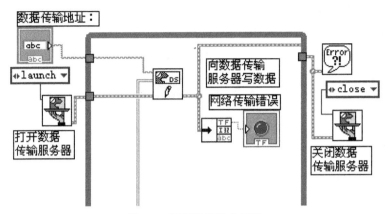

图 3-5　数据发送程序框图

服务器端调用频率分析函数便于监测实验测量过程。频率分析函数程序使用了部分相关信号分析控件：汉宁窗函数、自功率谱、频率估值。频率分析函数的程序框图如图 3-6 所示。

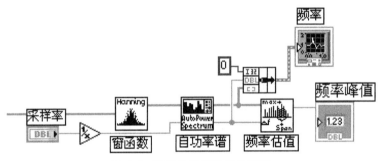

图 3-6　频率分析函数程序框图

3.3.2　客户端程序设计

客户端程序首先接收服务器信号，然后通过数字滤波和积分得到振动物体加速度、速度、位移的波形和幅值；利用信号分析软件进行频谱分析，获得信号的频谱及振动频率；记录不同激励频率下的幅值，并画出幅频特性曲线，从而测量出振动物体的固有频率。其工作流程图如图 3-7 所示。

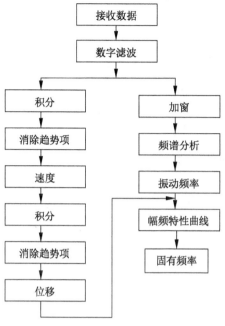

图 3-7   客户端工作流程图

（1）数据接收程序设计

数据接收程序的功能是从 URL 指定的链接中读取数据，数据类型是数组型。当网络传输错误时，指示灯亮。这里用到 Data Socket 节点的 Data Socket Read 节点。数据接收的程序框图如图 3-8 所示。

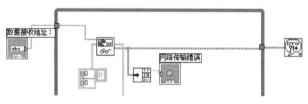

图 3-8   数据接收程序框图

（2）加速度、速度、位移幅值计算程序设计

传感器采集的是振动物体的加速度信号，需要将加速度信号通过积分转化为速度、位移信号，并将它们的幅值提取出来，因此可以利用 LabVIEW 的积分模块（Integral）来实现。同时，为了消除随时间变化的长周期系统误差，本设计构造了一个消除趋势项的子程序（Detrend VI）。Detrend VI 调用了最小二乘法拟合直线的 Linear Fit 函数拟合趋势项，然后在数据中减去趋势项。

这是工程上消除趋势项最常用的方法。Detrend VI 的程序框图如图 3-9 所示。

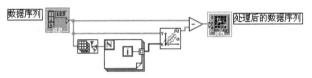

图 3-9　消除趋势项子程序框图

加速度、速度、位移幅值计算及波形显示部分设计的程序如图 3-10 所示。

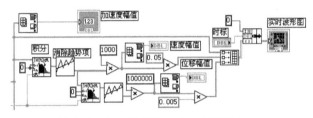

图 3-10　幅值计算及波形显示程序框图

（3）频谱分析模块设计

频谱分析模块用到 Analyze→Signal Processing→Frequency Domain 函数子模板中的三个函数：Auto Power Spectrum 函数通过快速傅立叶变换计算出时域信号的自功率谱，Spectrum Unit Conversion 函数将自功率谱转化为需要的格式，Power & Frequency Estimate 函数计算出自功率谱中的频率峰值。频谱分析模块程序框图如图 3-11 所示。

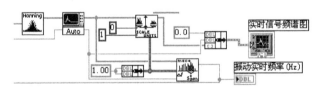

图 3-11　频谱分析模块程序框图

（4）固有频率计算程序设计

用稳态正弦激振方法测量振动系统的动态特性参数，必须在得到被测试件的频率响应曲线后才能进行参数估计，因此应对振动物体进行扫频（施加连续的、频率不断增加的正弦激励）得到其振动的加速度幅值，画出幅频特性曲线。受实验条件所限，只可能在有限的几个频率点测量动态特性参数，这时得到的幅频特性曲线必然是一段不连续的折线，测量精度会受到很大的影响。本设计利用 LabVIEW 数学分析库中的样条插值函数进行插值运算,从而得到了较为理想的幅频特性曲线。

插值运算用到 Analyze→Mathematics→Curve Fitting 函数子模板中的两个函数:Spline Interpolant.VI 和 Spline Interpolation.VI。在使用样条插值时,需要计算曲线在各插值节点的二阶导数,这一工作由函数 Spline Interpolant.VI 完成,其端口如图 3-12a 所示,输出端口"Interpolant"包含了各点的二阶导数值。然后由函数 Spline Interpolation.VI 完成插值工作,其端口如图3-12b 所示,端口"Interpolant"接 Spline Interpolant.VI 的输出端口"Interpolant"。

(a) Spline Interpolant.VI　　　　　　(b) Spline Interpolation.VI

图 3-12　样条插值函数图标及其端口图

样条插值运算完成后,即可显示幅频特性曲线,并找到最大幅值所对应的频率值。该频率值即为振动物体的固有频率。这部分程序框图如图 3-13 所示。

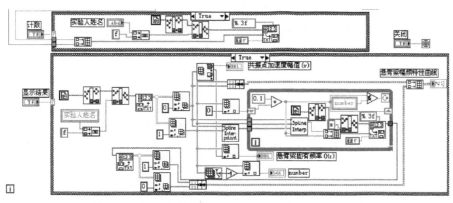

图 3-13　幅频特性曲线显示及固有频率计算程序框图

3.4　程序总体设计及实验

3.4.1　振动参数测试及动态特性分析软件前面板设计

振动参数测试及动态特性分析软件前面板分为三个界面——"服务器""客户端"及"使用说明",通过按键控制显示不同的界面进行测试。在实际使用中,教师机只需安装服务器程序,而学生机只需安装客户端程序。服务器软件界面如图 3-14 所示,其程序框图如图 3-15 所示。客户端软件界面及程序框图如图 3-16 和图 3-17 所示。

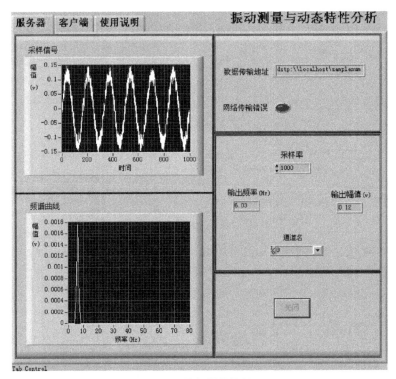

图 3-14　服务器软件界面

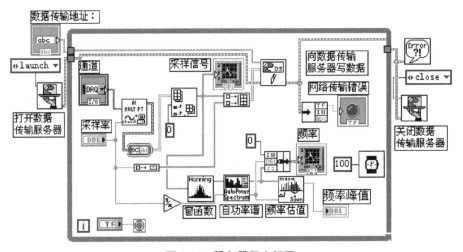

图 3-15　服务器程序框图

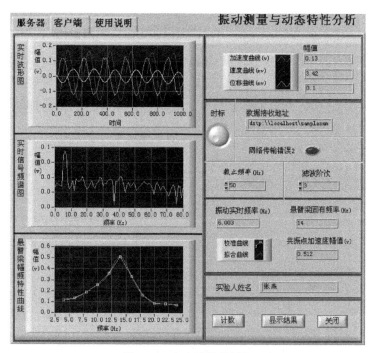

图 3-16 客户端软件界面

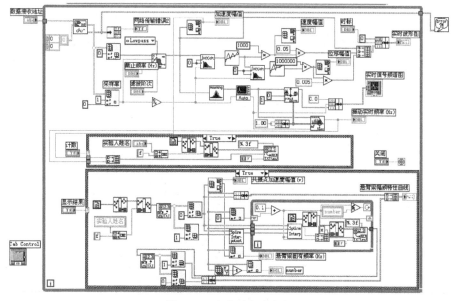

图 3-17 客户端程序框图

3.4.2　实验及数据分析

（1）实验环境

实验的数据采集与分析在常州工学院测控技术实验室进行。远程传输实验是将不同的计算机通过网线连接进行本地传输的实测，同时在机房由教师机输出仿真信号，由学生机运行客户端程序并填写教师机的标识码，通过网络访问教师机并进行参数估计实验。

被测物体为安装在传感器实验台上的悬臂梁，传感器选用压电加速度传感器，激励信号源为 0～30 Hz 的低频振荡器。压电传感器直接安装在悬臂梁上，如图 3-18 所示。振动参数测量实验接线图如图 3-19 所示。

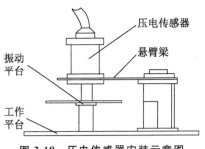

图 3-18　压电传感器安装示意图

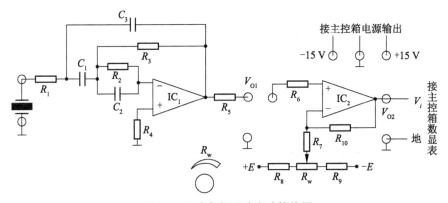

图 3-19　振动参数测试实验接线图

（2）实验步骤

① 对悬臂梁施加激励信号使其产生受迫振动，打开服务器程序采集振动加速度信号，输入数据传送地址进行发布。服务器数据传输界面如图 3-20 所示。

② 打开客户端程序,设置滤波截止频率和阶次,输入数据接收地址获取信号。

③ 激励信号频率从 4 Hz 开始逐渐增大至 22 Hz 左右,在客户端每隔 2 Hz 按下"计数"按键,记录不同频率下的悬臂梁振动加速度幅值。按下"显示结果"键,软件自动画出幅频特性曲线,并给出固有频率等特性参数。

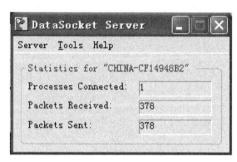

图 3-20　服务器数据传输界面

（3）实验结果分析

① 实验组按照上述实验步骤进行了多次实验,所得实验数据如表 3-1 所示。同时,程序将每次的测量数据以电子表格的形式存储在计算机中,以便随时查询。

表 3-1　实验数据表

频率/Hz	4	6	8	10	12	14	16	18	20	22
电压/mV	103	120	178	240	350	500	325	150	80	70

② 服务器采集的悬臂梁实时加速度信号波形、频谱图及频率、幅值显示于前面板的相应位置(见图 3-14)。该面板显示的是激励频率为 6 Hz 时的结果,经过频谱分析得到的频率为 6.03 Hz,与标准信号频率基本一致。

③ 客户端对实时信号进行分析,结果及波形显示如图 3-16 所示。该程序给出了加速度、速度和位移的幅值及相应波形。特别要说明的是,由于速度和位移幅值相对较小,因此幅值以"mV"为单位。而在波形显示时,为了便于观察,将速度和位移分别乘以系数 0.05 和 0.5。从波形看,加速度波形比位移波形超前 π,比速度波形超前 $\pi/2$,与理论吻合。经过频谱分析得到的基频为 6.003 Hz,也与标准信号频率基本一致。在不同频率激励下,按照表 3-1 所示的数据进行插值运算后拟合得到悬臂梁幅频特性曲线,同时还给出了共振

点频率(悬臂梁固有频率)和幅值。

分析实验数据和测量结果可知,软件能够完成实时振动信号的采集、传输、接收和分析处理,测量精度较高。同时,通过对有限点测量数据的插值运算,可以得到较为理想的振动幅频特性曲线和较为准确的固有频率等特性参数,能够满足实验教学的需要。

第4章

多路测温系统设计

4.1 引言

随着工业生产自动化程度越来越高,温度的测量越来越普遍,对温度测量的要求也越来越高。测温传感器种类众多,且在不同的测温范围内具有不同的测量精度,因此需要合理地选择测温仪器。市面上大多数测温元件都存在一定的非线性,必须进行在线补偿。另外,测温仪器除了能够显示实时温度外,一般还要能够实现报警、显示温度变化趋势、对所测温度进行一定的统计分析等管理功能。在一些大型的生产现场或者环境条件特别恶劣的场合,往往还需要实现远程自动测试。本章根据项目给定的测温要求,在图形化编程语言 LabVIEW 平台上,设计开发了远程虚拟多路测温系统。通过软件仿真演示和实践训练,能够合理选择常用测温传感器及其外围电路,计算系统的不确定度,设计数字滤波、非线性补偿、实时温度显示及信息管理系统软件。

4.2 测温系统总体设计方案

多路测温系统设计是作者与某企业合作的横向项目"远程多路分布式测温系统"的部分内容,要求实现多路温度远程自动化检测。温度测量要求如下:温度 1 的测温范围为 $-30\sim120$ ℃,分辨率为 0.5 ℃,测量不确定度为 3 ℃;温度 2 的测温范围为 $0\sim400$ ℃,分辨率为 0.5 ℃,测量不确定度为 3 ℃;温度 3 的测温范围为 $0\sim1000$ ℃,分辨率为 0.5 ℃,测量不确定度为 10 ℃。系统工作温度范围为 (25 ± 25) ℃。

根据工程问题要求,本系统采用"传感器+调理电路+数据采集卡+计算机"的基本结构,如图 4-1 所示。

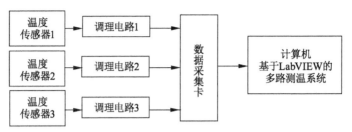

图 4-1　多路测温系统基本结构图

设计任务是完成三段不同范围和精度的温度测量,如果只采用同一温度传感器,显然很难满足测量要求。因此分别选用 TMP36 电压输出型集成温度传感器、Pt100 铂热电阻传感器和 K 型热电偶传感器进行温度测量。在此基础上设计与传感器相匹配的信号调理电路和数据采集卡完成温度信号的采集与传输。上位机在图形化编程语言 LabVIEW 平台上进行二次开发,设计温度测量程序,控制数据采集卡采集温度信号,以实现各种功能。

4.3　测温系统硬件设计

4.3.1　集成温度传感器测温单元硬件设计

（1）TMP36 技术参数

温度 1 的测温范围为 $-30 \sim 120$ ℃,要求测量不确定度为 3 ℃,故选择 ADI 公司生产的电压输出型集成温度传感器 TMP36,其主要技术参数如表 4-1 所示。

表 4-1　TMP36 的主要技术参数

参数	工作条件	最小值	典型值	最大值	单位
精度	$T_A = 25$ ℃	± 1		± 2	℃
灵敏度	-40 ℃$\leqslant T_A \leqslant 125$ ℃	$+9.8$	$+10$	$+10.2$	mV/℃
电源抑制比	$T_A = 25$ ℃	30		100	10^{-3} ℃/V
线性度			0.5		℃
输出电压	$T_A = 25$ ℃		750		mV
输出电压范围		100		2000	mV
电源 $+V_S$		2.7		5.5	V
电流 $I_{SY(ON)}$			50		μA

（2）放大电路设计

由表 4-1 可知，当 $T=25$ ℃时，输出电压 $U_0=750$ mV，由此可推出：当 $T=-30$ ℃时，输出电压 $U_0=750-[25-(-30)]\times10=200$ mV；当 $T=120$ ℃时，输出电压 $U_0=750+(120-25)\times10=1700$ mV。若数据采集卡的输入电压设置为 $0\sim5$ V，则放大器的增益取 2.5 即可，此时采集卡的最大输入电压为 $1.7\times2.5=4.25$ V。

设计中选用美国 PMI 公司生产的电压运算放大器 OP07。OP07 是一种高精度单片运算放大器，具有很低的输入失调电压和漂移。其主要特点如下：低输入失调电压，75 μV（最大）；低失调电压温漂，1.3 μV/℃（最大）；低失调电压时漂，1.5 μV/月（最大）；低噪声，0.6 μV$_{P-P}$（最大）；宽输入电压范围，±14 V；宽电源电压范围，$3\sim18$ V；价格仅为 $2\sim4$ 元。

TMP36 测温模块调理电路如图 4-2 所示。

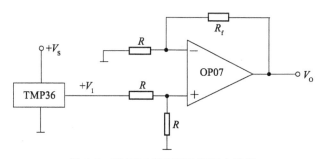

图 4-2　TMP36 测温模块调理电路图

（3）TMP36 测温模块不确定度预估

① TMP36 温度传感器的标准测量不确定度 u_1

TMP36 温度传感器的标准测量不确定度分量包含极限误差（精度）、灵敏度漂移、电源波动三项，其中非线性误差引起的测量不确定度被认为已计入精度项中，因此不再予以考虑。

在 25 ℃时，极限误差（精度）引起的标准测量不确定度为

$$u_{11}=\frac{1}{\sqrt{3}}\times2=1.15\ ℃ \tag{4-1}$$

灵敏度漂移引起的标准测量不确定度为

$$u_{12}=\frac{1}{\sqrt{3}}\times2\%\times(120-25)=1.097\ ℃ \tag{4-2}$$

电源波动引起的标准测量不确定度为

$$u_{13} = \frac{1}{\sqrt{3}} \times 100 \times 10^{-3} \times 1 = 0.058 \text{ ℃} \tag{4-3}$$

因此，TMP36 温度传感器的标准测量不确定度为

$$u_1 = \sqrt{u_{11}^2 + u_{12}^2 + u_{13}^2} = 1.58 \text{ ℃} \tag{4-4}$$

② OP07 放大器引起的测量不确定度 u_2

放大器引起的测量不确定度主要是零点漂移和增益漂移。若采用低漂移的运算放大器和高稳定度的电阻，则可将放大器引起的相对测量不确定度控制在 0.3％以下。由于 OP07 具有高性能，设放大器引起的相对测量不确定度为 0.3％，则测量不确定度为

$$u_2 = \frac{1}{\sqrt{3}} \times 0.3\% \times 120 = 0.21 \text{ ℃} \tag{4-5}$$

③ 采集卡引起的测量不确定度 u_3

一般在未给出采集卡转换精度的情况下，其测量不确定度主要由量化误差计算得到。本设计选用的是 12 位采集卡，故量化误差引起的测量不确定度为

$$u_3 = \frac{1}{\sqrt{3}} \times \frac{1}{2^{12}-1} \times 120 = 0.017 \text{ ℃} \tag{4-6}$$

④ TMP36 测温模块总扩展测量不确定度

由上面的计算结果可以得到

$$u_{T_1} = \sqrt{u_1^2 + u_2^2 + u_3^2} = 1.59 \text{ ℃} \tag{4-7}$$

按均匀分布，取 $k = \sqrt{3}$，则 TMP36 测温模块总扩展测量不确定度为

$$u[T_1] = k u_{T_1} = \sqrt{3} \times 1.59 = 2.75 \text{ ℃} \tag{4-8}$$

由于温度 1 要求测量不确定度为 3 ℃，所以温度传感器、放大器以及数据采集卡的选择符合要求。

4.3.2　铂热电阻测温单元硬件设计

（1）铂热电阻技术参数

温度 2 的测温范围为 0～400 ℃，要求分辨率为 0.5 ℃，测量不确定度为 3 ℃，故选择铂热电阻温度传感器。

Pt100 是铂热电阻传感器的一种，广泛用于测量-200～850 ℃范围内的温度。B 级 Pt100 铂热电阻主要技术参数如表 4-2 所示。

表 4-2　B 级 Pt100 铂热电阻的主要技术参数

测温范围/℃	0 ℃电阻 R_0/Ω	电阻比 R_{100}/R_0	允许误差 ΔT/℃	额定电流/mA
$-200\sim850$	100 ± 0.12	1.385 ± 0.001	$\pm(0.30+0.005|T|)$	$2\sim5$

（2）铂热电阻的调理电路设计

① 电压信号获取电路

当被测温度变化时,Pt100 铂热电阻能感受到温度的变化并将其转换为相应的电阻变化,因此需要将与温度相关的电阻信号转换成能被数据采集系统接收的电压信号。本设计采用双恒流源电路来获取温度信号,同时为了消除引线电阻引入的误差,则采用三线制接法,电路如图 4-3 所示。

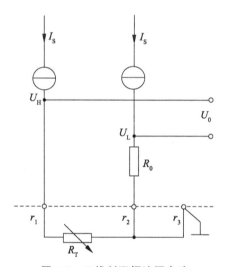

图 4-3　三线制双恒流源电路

② 放大器的选择

设计中取稳定度为 0.1%、$I_S=3$ mA 的恒流源,取允许误差为 0.1%、$R_0=100$ Ω 的标准电阻。而根据 Pt100 的电阻比可求出电阻温度系数 $\alpha=(3.85\pm0.01)\times10^{-3}$/℃,则由铂热电阻和恒流源组成的单元模块灵敏度为

$$\frac{\Delta U_0}{\Delta T}=I_S R_0 \alpha=1.15 \text{ mV/℃} \tag{4-9}$$

当 $T=0$ ℃时,$U_0=0$ V;当 $T=400$ ℃时,$U_0=0.462$ V。因为采集卡的满度输入电压为 5 V,所以放大器的增益 S 取 10 即可,还可以留有 7% 的超

量程能力。

检验增益 S 是否满足分辨力要求。当 $T=0.5$ ℃时,铂热电阻的输出电压 $U_0=0.58$ mV,则放大器的输出电压 $U=U_0 \times S=5.8$ mV。而数据采集卡的量化单位 $Q=5/(2^{12}-1)=1.22 \times 10^{-3}$ V$=1.22$ mV。显然 $U>Q$,因此取 $S=10$ 可以同时满足量程和分辨力要求。

基于以上分析,铂热电阻测温模块仍然选用 OP07 作为信号放大器件。

(3)铂热电阻测温模块不确定度预估

① Pt100 温度传感器的允许误差引起的标准测量不确定度 u_1

当 $T=400$ ℃时,$u_1=\dfrac{1}{\sqrt{3}} \times (0.30+0.005|T|)=\dfrac{1}{\sqrt{3}} \times (0.30+0.005 \times 400)=1.33$ ℃。

② 调理电路引起的标准测量不确定度 u_2

由于放大器输出电压 $U=U_0 \times S=I_s R_0 \alpha S T$,因此在其他条件恒定时,$T$ 的测量不确定度等于 U 的测量不确定度,而 U 的测量不确定度由 I_s、R_0、α、S 的波动引起。

恒流源 I_s 的稳定度为 0.1%,标准电阻 R_0 有 0.1% 的允许误差,α 的允许误差为 $\Delta \alpha/\alpha=0.001/0.385$,OP07 的相对测量不确定度为 0.3%,则有

$$u_{2I_s}=\frac{1}{\sqrt{3}} \times 0.1\%=0.058\%, \qquad u_{2R_0}=\frac{1}{\sqrt{3}} \times 0.1\%=0.058\%,$$

$$u_{2\alpha}=\frac{1}{\sqrt{3}} \times \frac{0.001}{0.385} \times 100\%=0.15\%, \quad u_{2S}=\frac{1}{\sqrt{3}} \times 0.3\%=0.17\%$$

$$(4\text{-}10)$$

于是可得 U 的相对测量不确定度为

$$u_r=\sqrt{u_{2I_s}^2+u_{2R_0}^2+u_{2\alpha}^2+u_{2S}^2}=\sqrt{0.058^2+0.058^2+0.15^2+0.17^2} \times 10^{-2}$$
$$=0.24\% \qquad (4\text{-}11)$$

则绝对标准测量不确定度为

$$u_2=u_r \times |T|=0.24\% \times 400=0.96 \text{ ℃} \qquad (4\text{-}12)$$

③ 采集卡引起的测量不确定度 u_3

$$u_3=\frac{1}{\sqrt{3}} \times \frac{1}{2^{12}-1} \times 400=0.056 \text{ ℃} \qquad (4\text{-}13)$$

④ Pt100 测温模块总扩展测量不确定度

由上面的计算结果可以得到

$$u_{T_2} = \sqrt{u_1^2 + u_2^2 + u_3^2} = 1.64 \ ℃ \tag{4-14}$$

按均匀分布,取 $k = \sqrt{3}$,则 Pt100 测温模块总扩展测量不确定度为

$$u[T_2] = k u_{T_2} = \sqrt{3} \times 1.64 = 2.84 \ ℃ \tag{4-15}$$

由于温度 2 要求测量不确定度为 3 ℃,所以温度传感器、放大器以及数据采集卡的选择符合要求。

4.3.3　热电偶测温单元硬件设计

(1) 热电偶技术参数

温度 3 的测温范围为 0～1000 ℃,分辨率为 0.5 ℃,测量不确定度为 10 ℃,故选择 K 型热电偶温度传感器进行测量。

热电偶测温的基本原理是基于金属导体的热电效应。工业测试中常用的标准化热电偶主要有 8 种,各种不同热电偶的特性可以参阅相关的参考资料。不同的热电偶,其测温范围、精度、价格及使用场合都有所不同。K 型热电偶正极材料为镍铬合金(由 88.4%～89.7% 的镍、9%～10% 的铬、0.6% 的硅、0.3% 的锰、0.4%～0.7% 的钴冶炼而成),负极材料为镍硅合金(由 95.7%～97% 的镍、2%～3% 的硅、0.4%～0.7% 的钴冶炼而成),因此价格比较便宜。其测温范围长期为 0～1000 ℃,短期可以达到 1300 ℃。K 型热电偶复现性好、热电势大,热电势与温度的关系近似线性,在全量程范围内的允许误差为 ±0.4%。

(2) 热电偶调理电路的设计

① 热端放大电路设计

查 K 型热电偶分度表可知,被测温度范围为 0～1000 ℃,热电偶的热电势近似为 0～41.276 mV。由于采集卡的电压输入范围为 0～5 V,考虑到 10% 的超量程能力,放大器增益设置为 100 即可满足要求。

设计中选择 AD627 测量放大器作为本系统的放大环节。AD627 是美国 ADI 公司生产的精密放大器之一,其增益为 $G = 5 + \dfrac{200}{R_G} \mathrm{k\Omega}$,改变 R_G 便可调整增益。其引脚示意图如图 4-4 所示。

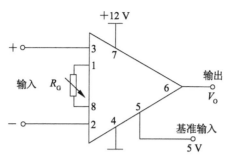

图 4-4　AD627 的引脚示意图

AD627 的主要技术参数如表 4-3 所示。

表 4-3　AD627 的主要技术参数

技术参数		最小值	典型值	最大值	单位
增益范围		5		1000	
增益误差	$G=5$		0.03	0.10	%
	$G=10$		0.15	0.35	
	$G=100$		0.15	0.35	
	$G=1000$		0.50	0.70	
非线性误差($G=100$)			20	100	ppm
温度误差($G>5$)			75		ppm/℃
输入阻抗	差模		20‖2		GΩ‖pF
	共模		20‖2		GΩ‖pF
共模抑制比(DC～60 Hz)		77	90		dB
电源电压	单极性	2.2		36	V
	双极性	±1.1		±18	V
温度范围		−40		85	℃

② 冷端补偿电路设计

为了实现高精度实时冷端补偿，可以采用实时测温法。先利用补偿导线将热电偶的冷端远移到环境温度较低的场合，通常为测温系统的外接线端子处，再用其他温度传感器测量该点的温度，最后通过软件利用二次查分度表法求得被测温度。由于系统工作的环境温度为(25±25) ℃，所以完全可以用

TMP36 测温模块完成补偿。

当环境变化 0.5 ℃时，TMP36 的输出电压为 5 mV，经过 OP07 放大后输出的电压为 12.5 mV，该值大于采集卡的量化单位 1.22 mV，所以满足冷端温度测量分辨力的要求。

（3）热电偶测温模块不确定度预估

① 一级 K 型热电偶允许误差引起的标准测量不确定度 u_1

$$u_1 = \frac{1}{\sqrt{3}} \times 0.4\% \times 1000 = 2.3 \text{ ℃} \tag{4-16}$$

② 补偿导线引起的标准测量不确定度 u_2

补偿导线允许的误差一般为 2.5 ℃，所引起的标准测量不确定度为

$$u_2 = \frac{1}{\sqrt{3}} \times 2.5 = 1.44 \text{ ℃} \tag{4-17}$$

③ AD627 放大器引起的标准测量不确定度 u_3

本设计中的 AD627 增益为 100，所以增益误差取 0.35%，引起的标准测量不确定度为

$$u_{31} = \frac{1}{\sqrt{3}} \times 0.35\% = 0.2\% \tag{4-18}$$

非线性误差引起的标准测量不确定度为

$$u_{32} = \frac{1}{\sqrt{3}} \times 100 \times \frac{1}{1000000} = 0.006\% \tag{4-19}$$

当温度在（25±25）℃范围内变化时，引起的标准测量不确定度为

$$u_{33} = \frac{1}{\sqrt{3}} \times 75 \times \frac{1}{1000000} \times 25 = 0.11\% \tag{4-20}$$

因此 AD627 放大器引起的标准测量不确定度 u_3 为

$$u_3 = \sqrt{u_{31}^2 + u_{32}^2 + u_{33}^2} \times 1000 = 2.3 \text{ ℃} \tag{4-21}$$

④ 冷端补偿引起的标准测量不确定度 u_4

冷端补偿电路由 TMP36 测温模块实现，测量温度范围为 0～50 ℃，参照前文的方法计算不确定度，得到 $u_4 = 1.3$ ℃。

⑤ 采集卡引起的标准测量不确定度 u_5

$$u_5 = \frac{1}{\sqrt{3}} \times \frac{1}{2^{12}-1} \times 1000 = 0.14 \text{ ℃} \tag{4-22}$$

⑥ K 型热电偶测温模块总扩展测量不确定度

由上面的计算结果可以得到

$$u_{T_3} = \sqrt{u_1^2 + u_2^2 + u_3^2 + u_4^2 + u_5^2} = 3.77 \ ℃ \tag{4-23}$$

按均匀分布考虑,取 $k = \sqrt{3}$,则所测温度范围的总扩展测量不确定度为

$$u[T_3] = ku_{T_3} = \sqrt{3} \times 3.77 = 6.5 \ ℃ \tag{4-24}$$

由于温度 3 要求测量不确定度为 10 ℃,所以温度传感器、放大器、冷端补偿电路以及数据采集卡的选择符合要求。

4.4 测温系统软件设计

4.4.1 测温系统软件设计的基本思路

测温系统软件在 LabVIEW 基础上进行二次开发,控制数据采集卡获取调理后的电压信号,根据各温度传感器的原理将电压信号转换为对应的温度值实时显示,并且生成温度趋势曲线和统计直方图,同时利用 Data Socket 技术实现温度的远程测试。其编程思路如图 4-5 所示。

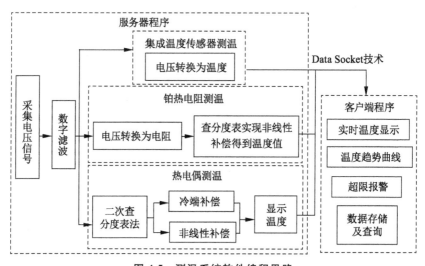

图 4-5 测温系统软件编程思路

4.4.2 集成温度传感器测温软件设计

由图 4-5 可知,TMP36 测温模块软件部分主要进行数据采集、数字滤波、温度显示及报警,生成温度趋势曲线和统计直方图等,而铂热电阻和热电偶测温模块也同样具有数据采集、数字滤波、生成温度趋势曲线和统计直方图

等功能,故这部分程序只在本节叙述,后面章节就不再赘述了。

（1）直流电压信号的采集程序设计

用 TMP36 测量温度信号,是通过调理电路将温度信号转换为直流电压信号,该信号一般为变化缓慢的直流信号。设计中为了减小测量误差,会在同一点连续采集多个数据取平均值作为最后的测量结果。数据采集利用 AI Sample Channel.vi 子程序实现,同时利用 For Loop 连续采样 100 个点构成数组供后续的滤波程序使用。数据采集单元程序框图如图 4-6 所示。

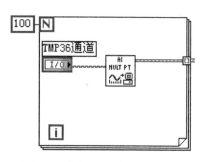

图 4-6　数据采集单元程序框图

（2）数字滤波技术及其程序实现

在生产和实验中,测试系统的输入信号一般都含有各种噪声和干扰,它们主要来自被测信号本身、传感器或者外界。为了提高信号的可靠性,减少虚假信息的影响,在模拟测控系统中都是由硬件组成的各种滤波器滤除干扰信号的。而在数字化测控系统中,除了一些必要的硬件滤波外,还有很多滤波任务可以由数字滤波器承担。数字滤波实质上是一种数字处理方法,即通过特定的计算程序减少干扰信号在有用信号中所占的比例,也称为软件滤波。常用的数字滤波方法主要有算术平均值法、加权算术平均值法、中值滤波法、中值平均滤波法等。本设计选用中值平均滤波法实现数字滤波功能。

由于需要多路测温,设计中将数字滤波程序做成子 VI 以供调用,同时,在对采样值按照大小排队和计算累加和时,考虑到程序的简洁采用了 Lab-VIEW 自带的公式节点。中值平均滤波程序框图如图 4-7 所示。

图 4-7　中值平均滤波程序框图

（3）电压温度转换程序设计

采集卡采集的是电压信号,若要显示实时温度值,则需要将电压转换为温度值。由于采集的电压信号为经过放大器放大 2.5 倍的信号,单位为 V,

TMP36 的灵敏度为 10 mV/℃，25 ℃时对应的电压为 750 mV，故电压温度转换程序如图 4-8 所示。同时，随着使用时间和环境的影响，放大器会产生漂移，增益会发生改变，因此将程序中的增益设计为可调，这样在使用中可以随时调整以提高转换精度。

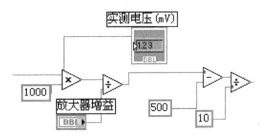

图 4-8 TMP36 电压温度转换程序图

（4）温度变化趋势图及统计直方图生成程序设计

在工业测温中，除了需要显示实时温度外，往往还要实现超限报警、温度信息管理等功能，因此需要记录一段时间内的温度值，生成温度变化趋势曲线，或者生成温度统计直方图，以便了解被测温度的变化趋势及温度分布情况。

设计中利用 LabVIEW 中的写电子表格格式文件函数 Write To Spreadsheet File，将对应的测试时间、温度值记录在一个电子表格格式的文件下，同时生成温度变化趋势图。数据记录结束后，利用读电子表格格式文件函数 Read From Spreadsheet File，将记录的数据取出供后续统计直方图生成程序使用。

直方图生成程序采用位于 Mathematics 模板中的 Probability and Statistics 概率统计子模板内的 General Histogram.vi 实现，如图 4-9 所示。

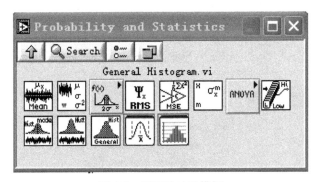

图 4-9 概率统计子模板

在 LabVIEW 中通过对 General Histogram.vi 各端口的设置就可以很方便地生成输入序列的统计直方图。General Histogram.vi 图标及其各端口如

图 4-10 所示。图中 X 为输入系列数组，Bins 数组决定了柱的起点、终点和边界特征，柱的个数由端口≠bins 决定；如果 Bins 端口非空，则≠bins 端口被忽略；max 和 min 端口决定了参与计算的最大、最小数据。

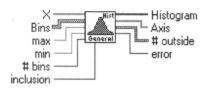

图 4-10　统计直方图生成函数图标及端口

（5）测温软件前面板设计

测温软件的前面板用 LabVIEW 提供的控件进行优化设计，以实现良好的人机交互功能，用户可以通过键盘和鼠标对各种控件进行操作。TMP36 测温软件前面板如图 4-11 所示。

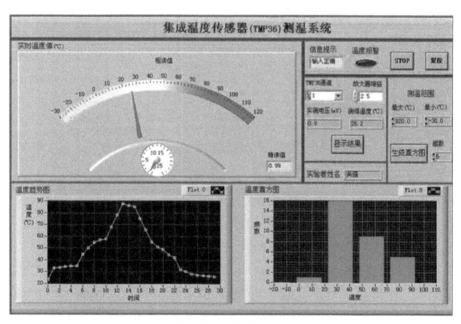

图 4-11　TMP36 测温软件前面板

4.4.3　铂热电阻测温软件设计

铂热电阻测温软件的数据采集、数字滤波、温度统计直方图的生成程序设计方法与 TMP36 基本相同，这里不再叙述。此部分着重介绍铂热电阻测温的非线性校正方法及电压温度转换的程序设计。

（1）非线性校正方法

由铂热电阻的测温原理可知，温度、电阻之间存在着非线性关系，同时，调理电路也存在着一定的非线性误差。测量系统的线性度（非线性误差）是影响系统精度的重要因素。为了减小非线性误差，实现系统输入-输出特性的直线化，就需要进行非线性补偿。传统的铂热电阻非线性补偿都是通过硬件电路实现的，这种补偿方法电路复杂、成本较高、稳定性不是很好。在数字化测量系统中，利用计算机强大的计算功能，以软件实现非线性自校正智能化功能，就不需要再为改善每个测量环节的非线性特性而耗费精力。非线性校正原理如图 4-12 所示。

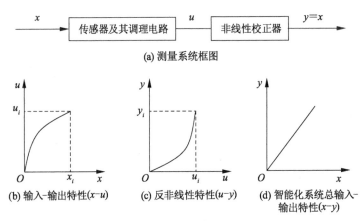

(a) 测量系统框图

(b) 输入-输出特性(x–u) (c) 反非线性特性(u–y) (d) 智能化系统总输入-
输出特性(x–y)

图 4-12　非线性校正原理

软件非线性自校正常用的两种方法是查表法和曲线拟合法。查表法是一种分段线性插值法，是根据精度要求对反非线性特性曲线进行分段，用若干段折线逼近曲线，实现非线性校正的方法。曲线拟合法采用 n 次多项式逼近反非线性曲线，该多项式方程的各个系数由最小二乘法确定。以上两种方法各有优缺点，查表法需要在微机中预存数据表，如果分段较多，则占用内存多，但补偿精度高；曲线拟合法只需存入几个常数，占用内存小但机器对多阶多项式处理的时间长，精度也不是很高，对于要求快速准确测量的场合，效果不是特别理想。由于本系统是基于计算机的测温系统，而铂热电阻又有标准的分度表可查，故设计中可充分利用 PC 的内存大、计算能力强的优点，采用查表法实现非线性补偿。

（2）分度表查询程序设计

铂热电阻的分度表给出了对应的电阻-温度值，根据这些对应值可以构建分度表数组。而 LabVIEW 自带线性插值函数,这样就大大简化了复杂的编程,利用线性插值函数可实现任意电阻值到温度的转换。但由于采集卡采集的是电压值,因此查分度表之前需先将电压值转换为电阻值。线性插值运算用到 Analyze Mathematics Curve Fitting 函数子模板中的 Poly Interp.vi,其图标及端口如图 4-13 所示。

图 4-13　线性插值运算图标及端口

设计中对分度表进行分段,通过判断对应电阻的临界值选择合适的区域进行内插。将插值程序做成子 VI,由主程序调用。分度表查询程序框图如图 4-14 所示。

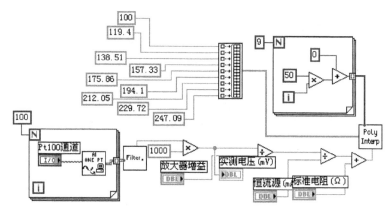

图 4-14　分度表查询程序框图

（3）测温软件前面板设计

铂热电阻测温单元的前面板设计与 TMP36 基本相同,用到的实验仪器、实验方法及前面板的操作也基本相同,这里不再详述。铂热电阻测温软件前面板如图 4-15 所示。

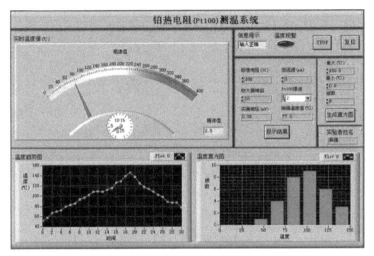

图 4-15 铂热电阻测温软件前面板

4.4.4 热电偶测温软件设计

（1）冷端温度补偿及非线性校正程序设计

热电偶测温的关键是冷端温度补偿和非线性校正。本设计采用智能化软件实时补偿，即由集成温度传感器 TMP36 测量冷端的实时环境温度，查分度表得到对应的电压，然后依据中间温度定律，将冷端电压和热电偶测得的热端电压相加，再反查分度表，就可求得实际温度值。这种方法称为"二次查表法"，既可实现冷端温度补偿，又可实现非线性校正。其程序设计思路如图4-16 所示。

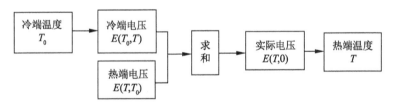

图 4-16 冷端温度补偿及非线性校正程序设计思路

本设计中分度表查询程序设计方法与铂热电阻的基本相同，其他的功能诸如数字滤波、生成统计直方图等前面也已经详细介绍过，此处不再叙述。

（2）远程测温系统设计

本部分以热电偶测温模块为例，详细介绍基于 Data Socket 技术的远程测温系统程序设计。远程测温系统分为服务器端和客户端两部分。服务器端主要完成信号采集、数字滤波、非线性补偿、电压温度转换等基本功能,同时,服务器端还需要向客户端传输实时温度值,而客户端接收服务器端传来的数据显示实时温度,生成温度趋势图、统计直方图等。由于一些基本功能的程序设计前面已经介绍过,故这里仅讲述利用 Data Socket 技术进行数据传输的程序设计。

　　服务器端控制采集卡采集现场温度信号,调用数字滤波子 VI 消除干扰,然后通过二次查表法实现冷端补偿和非线性校正,显示实时温度值。其数据传输中的发送部分用到 Data Socket 节点的 Data Socket Write 节点。程序中打开和关闭数据传输服务器 Data Socket Server 的 VI,直接调用 LabVIEW 自带的 Data Socket Server Control VI 将数据写到 URL 指定的链接中。服务器端数据发送部分设计的后面板程序如图 4-17 所示。热电偶测温软件服务器端前面板如图 4-18 所示。

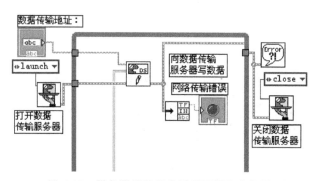

图 4-17　服务器端数据发送后面板程序框图

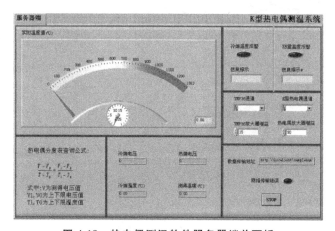

图 4-18　热电偶测温软件服务器端前面板

利用 Data Socket 技术,服务器端将温度信号传输给客户端,客户端程序接收数据显示实时温度,生成温度趋势图、统计直方图等。数据接收部分的功能是从 URL 指定的链接中读出数据,该数据类型是数组型。当网络传输错误时,指示灯亮。这里用到 Data Socket 节点的 Data Socket Read 节点。客户端数据接收部分设计的后面板程序如图 4-19 所示。热电偶测温软件客户端前面板如图 4-20 所示。

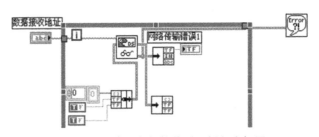

图 4-19　客户端数据接收后面板程序框图

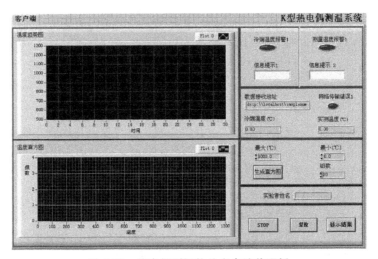

图 4-20　热电偶测温软件客户端前面板

4.4.5　多路测温系统主界面设计

本设计将上述几个软件做成子 VI,通过主界面的相关按键,利用 Lab-VIEW 的 VI Server 技术控制子 VI 的运行和属性,实现动态调用各个子 VI,在此基础上即可完成多路测温系统主界面的设计。系统主界面如图 4-21 所示。

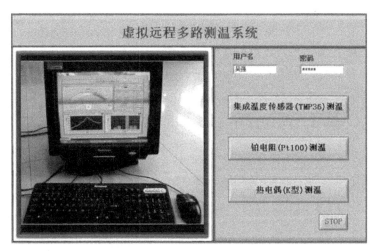

图 4-21　多路测温系统主界面

第 5 章

基于 NI myRIO 的智能探测小车设计

5.1 引言

　　智能探测小车集声、光、电、控于一体，主要应用于高温、有毒、高辐射等无人探测环境，能够对复杂现场的实时图像、温湿度、地理位置等信息进行检测并回传控制中心，以便后续开展作业。本设计涉及传感器、图像处理、自动控制、计算机语言等多门专业课程相关知识，以虚拟仪器为技术手段，应用传感器原理基本知识进行硬件选型，搭建系统平台；通过 PID 控制算法和避障算法研究，实现小车行走轨迹的精确控制和大范围的扫描检测；基于 LabVIEW 平台开发设计对探测小车的实时控制和上位机监测系统，实现车体定位及运动控制、障碍物躲避、生命体检测、实时环境图像传输等功能。

5.2　智能探测小车控制算法

　　智能探测小车最常用的两大控制算法为避障算法和 PID 控制算法。小车避障方法一般采用红外避障或超声波避障。红外避障方法原理简单，安装便捷，但因其感知距离短、易受光源影响而具有很强的局限性。超声波避障方法具有性能稳定、测量范围广、测量距离精确等优点，但因其只能检测单个方向上是否有障碍物，导致探测小车在避障时很容易发生刮蹭，使车体上的传感器等元器件受损，同样具有很强的局限性。本设计提出的"超声波＋舵机云台"避障算法，不仅拓展了检测范围，而且具有感知判断的功能，还可以根据具体环境自主选择避障方向，具有很好的实际应用价值。PID 控制算法是自动控制理论中最为经典的控制算法之一。本设计在 PID 控制算法的基础上结合了测距算法，根据探测小车前方障碍的实时状况，通过自动调节速度的设定值起到自动调速的效果,大大提高了探测效率。

5.2.1　超声波感知避障算法

根据超声波测距的基本原理,超声波在遇到障碍物时会产生信号反馈,并具有较好的方向性(发散角≤15°),因此,它在障碍物存在的感知方面比红外光电传感器具有更好的优势。单一超声波传感器发散角较小,而智能探测小车车体本身具有一定的尺寸,所以驱动轮在行驶过程中会出现较大的盲区,产生感知范围偏小的问题。本设计提出了一种"云台＋声波测距"的步进扫描感知方式,它利用云台的 180°旋转自由度,拓展超声波传感器的感知范围,采用步进 10°的方式进行扫描,并对扫描范围内是否存在障碍物及障碍物位置进行判别,进而实现对前方障碍物的避让。

设计中首先调整云台处于初始位置(舵机 90°),然后对车体前方 180°步进扫描,从而进行障碍物距离检测。如果在安全距离内未发现障碍物,则调整云台角度至 90°,智能探测小车继续向前行驶;如果发现有障碍物,则调整云台角度至 90°并向远离障碍物的方向行驶。传感器检测到的距离信息通过NI myRIO 传给上位机,通过上位机程序分析计算小车距前、左、右方障碍物的距离,并给出是否安全的判断,从而控制小车向安全方向继续探测。智能探测小车超声波感知避障示意图如图 5-1 所示。

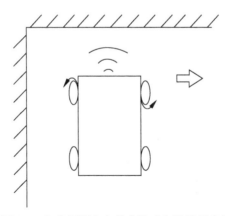

图 5-1　智能探测小车超声波感知避障示意图

5.2.2　PID 控制算法

智能探测小车的控制对象主要包括对电机和舵机的控制。本设计在 PID控制算法的基础上加入了测距算法,实现对智能探测小车运动的精确控制。同时,小车还可以根据具体环境实现加速、减速,进而提高探测效率。

　　PID 控制系统通常包括输入 $r(t)$、输出 $c(t)$、检测元件、执行机构及 PID 控制器等。当 PID 控制系统接收到某个信号后,检测元件检测输出量并反馈到输入端,对输入量与输出量的差值进行比例(P)、积分(I)和微分(D)运算,运算后的输出值作为执行机构的控制量。PID 控制算法原理图如图 5-2 所示。

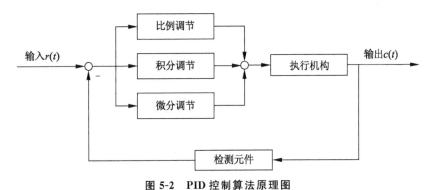

图 5-2　PID 控制算法原理图

　　本设计在经典 PID 控制算法的基础上加入了测距算法,根据探测小车前方障碍的实时状况,自动调节 PID 控制的输入量 SetPoint,从而达到自动调速的效果。PID 控制算法优化流程图如图 5-3 所示。

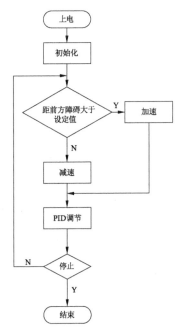

图 5-3　PID 控制算法优化流程图

5.3　智能探测小车系统总体设计方案

本设计的基本要求如下：搭建智能探测小车硬件平台，研究探测定位技术、信息通信技术的应用，设计智能探测小车控制系统，定位精度在 5 cm 以内并能实现声音、图像传输，温度、人体红外检测等功能。本设计以 NI myRIO 为核心，硬件部分采用 US-100 超声波传感器、HC-SR501 人体热释电红外传感器、SHT20 温湿度传感器、树莓派高清 USB 摄像头、ATGM336H-5N GPS 定位模块搭建智能探测小车硬件系统；软件部分基于 LabVIEW 平台开发设计对探测小车的实时控制和上位机监测系统，实现车体定位及运动控制、障碍物躲避、生命体检测、实时环境图像传输等功能。此外，通过 PID 控制算法实现小车行走轨迹的精确控制，通过"云台＋超声波传感器"的方式，突破超声波检测障碍物的角度限制，实现较大范围的扫描检测。系统总体方案设计如图 5-4 所示。

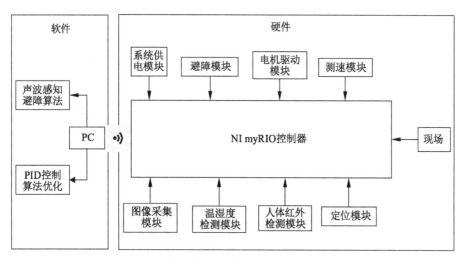

图 5-4　智能探测小车系统总体方案设计

5.4　硬件系统设计

5.4.1　控制器

本设计采用体积小、带多个输入输出接口的 NI myRIO 作为智能探测小车的核心控制器，并在此基础上完成硬件搭建以及软件开发。NI myRIO 是美国国家仪器有限公司开发的一种嵌入式开发平台，在其控制器内部集成了双核 ARM Cortex-A9 处理器以及 Xilinx FPGA,如图 5-5 所示。控制器除了常见的模拟 I/O、数字 I/O 之外,还包括 SPI 总线、I²C 总线、PWM、UART、编码器等接口。控制程序在 LabVIEW 环境下编译后,可在 ARM 实时处理器中执行。NI myRIO 具有使用简单、板载资源丰富、可扩展性强、安全性高、便携性好等优势,可以方便地安装在被控设备上。

图 5-5　NI myRIO-1900 实物图

　　NI myRIO 的可扩展性得益于板载资源丰富,其 A、B、C 接口示意图如图 5-6 和图 5-7 所示。

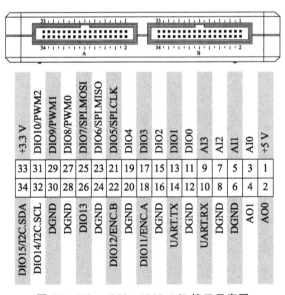

+3.3 V	DIO10/PWM2	DIO9/PWM1	DIO8/PWM0	DIO7/SPI.MOSI	DIO6/SPI.MISO	DIO5/SPI.CLK	DIO4	DIO3	DIO2	DIO1	DIO0	AI3	AI2	AI1	AI0	+5 V
33	31	29	27	25	23	21	19	17	15	13	11	9	7	5	3	1
34	32	30	28	26	24	22	20	18	16	14	12	10	8	6	4	2
DIO15/I2C.SDA	DIO14/I2C.SCL	DGND	DGND	DIO13	DGND	DIO12/ENC.B	DGND	DIO11/ENC.A	DGND	UART.TX	DGND	UART.RX	DGND	DGND	AO1	AO0

图 5-6　NI myRIO-1900 A/B 接口示意图

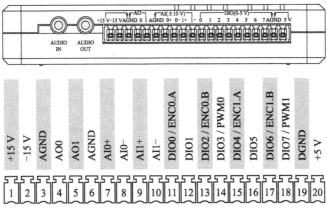

图 5-7　NI myRIO - 1900 C 接口示意图

5.4.2　车体结构设计

智能探测小车采用差速驱动式四轮结构,车体框架如图 5-8 所示。两个驱动轮安装在车体前方,前轮是主动轮,后轮是从动轮,通过控制前轮的转速可以达到控制转向的目的。车体材质轻,可以减少路面对轮胎的损耗。小车底盘上预留了很多形状不一的孔,可以在上面安置各种传感器,使得探测小车的可扩展性大大增强。

图 5-8　车体框架图

5.4.3　电源模块

NI myRIO 工作电压为 12 V,系统其他模块的工作电压为 3.3 V 或 5 V。设计中采用 12 V 锂电池作为电源,如图 5-9 所示。该电池给 NI myRIO 和电机供电,能满足小车完成避障、环境检测等功能的需要,而且减耗节能、可重复使用。电压转换模块(见图 5-10),能将 DC – DC 12 V 转为 3.3 V 或 5 V。12 V 输入经电压转换模块转为三路输出,分别为 3.3 V、5 V、12 V。

图 5-9　锂电池

图 5-10　电压转换模块

5.4.4　动力控制模块

(1)电动机

电动机是智能探测小车动力系统的重要部件,它可以将电能转化为小车前进所需要的动能。本设计中的智能探测小车采用差速驱动,故选用直流减速电机。电机驱动模块选用意法半导体(ST Semiconductor)集团旗下量产的双路全桥式电机驱动芯片 L298N,如图 5-11 所示,图中12个接口说明见表5-1。因 L298N 电机驱动模块具有调速特性好、过载能力大的特性,所以可直接用来驱动直流电机,还可以实现无级快速改变电机运动状态的功能。

图 5-11　电机驱动模块 L298N 实物图

表 5-1　L298N 接口说明

接口号	接口说明	接口号	接口说明
1	A 使能端 ENA	7	马达 B 输出
2	IN1	8	马达 A 输出
3	IN2	9	板载 5 V 输出使能
4	IN3	10	12 V 输入
5	IN4	11	GND
6	B 使能端 ENB	12	5 V 输出

分别对接口 IN1、IN2、IN3、IN4 给予不同的高低电平，就可以控制智能探测小车的行驶状态。小车电机转动状态编码见表 5-2。当使能端 ENA、ENB 为 1 时，IN1、IN2、IN3、IN4 有效；当使能端 ENA、ENB 为 0 时，电机无法实现前进、后退、左转、右转的功能。

表 5-2　小车电机转动状态编码表

左电机		右电机		左电机	右电机	小车运行状态
IN1	IN2	IN3	IN4			
1	0	1	0	正转	正转	前进
0	1	0	1	反转	反转	后退
1	0	0	1	反转	正转	右转
0	1	1	0	正转	反转	左转
0	0	0	0	制动	制动	停止
1	1	1	1	制动	制动	停止

（2）测速模块

本设计的测速模块主要包括测速/计数传感器（见图 5-12）、测速码盘（见图 5-13）。该模块具有比较器输出、抗干扰能力强、波形稳定、驱动能力强、安装方便等优点。测速/计数传感器接口使用说明如表 5-3 所示。

图 5-12　测速/计数传感器

图 5-13　测速码盘

表 5-3　测速/计数传感器接口使用说明

接口名称	接口说明
VCC	3.3～5 V
GND	接地
DO	当测速码盘遮挡光电传感器时,DO 输出高电平;无遮挡时,DO 输出低电平

5.4.5　避障模块

为克服单一传感器避障中避障距离短、受外界影响大的缺点,本设计中的避障模块由 US-100 超声波测距模块和舵机云台两部分组成,增大了避障检测范围,同时可以实现车体前方 0°～180°的扫描检测。

US-100 超声波传感器如图 5-14 所示,对图中 6 个接口的说明见表5-4。该传感器执行超声波发射与接收任务,具有性能稳定、测量范围广、测量距离精确、自带温度补偿、盲区小等特点,能够实现电平触发和串口触发两种测距触发模式(跳线帽插上时为串口触发测距,拔掉时为电平触发测距)。

图 5-14　US－100 超声波传感器

表 5-4　US－100 超声波传感器接口说明

接口号	接口说明	接口号	接口说明
1	VCC(2.4～5.5 V)	4	GND
2	Trig/TX	5	GND
3	ECHO/RX	6	模式选择跳线

　　NI myRIO 通过 PWM 口赋予舵机云台不同的值,使 SG－90 舵机实现 0°～180°不同角度的转向,从而将超声波传感器的测量范围扩展到 200°。舵机云台实物如图 5-15 所示。

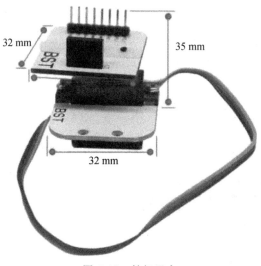

图 5-15　舵机云台

5.4.6 环境检测模块

(1) 图像采集模块

探测小车通过图像采集装置实现人机交互功能。本设计并不需要高清视频图像,所以考虑综合成本、实现难易程度等因素,采用了 USB 摄像头作为视频图像采集装置。图像采集模块主要由树莓派高清数字摄像头(30 万像素,USB 2.0 直插)和两个可进行姿态调整的 SG - 90 舵机组成,如图 5-16 所示。NI myRIO 输入两路 PWM 脉冲信号驱动舵机调节摄像头的位姿。

图 5-16　摄像机云台

(2) 人体红外检测模块

本设计选用的人体红外检测模块 HC - SR501 如图 5-17 和图 5-18 所示,其接口说明如表 5-5 所示。当有生命体从传感器经过时,传感器内部晶体两端会产生等量异号的电荷,从而输出电信号。因此,通过检测其输出端电压的变化,就可以判断是否有生命体经过。

图 5-17　HC - SR501 正面

图 5-18　HC - SR501 背面

表 5-5　HC‑SR501 接口说明

接口号	接口功能
1	VCC
2	输出接口:当没有检测到生命体移动时,输出低电平;当检测到生命体移动时,输出高电平
3	GND
4	时间延迟调节:用于调节在检测到生命体移动后维持高电平输出的时间长短,可调节范围为 5～300 s
5	灵敏度调节:用于调节检测范围,可调节范围为 3～7 m
6	检测模式跳线: ① 不可重复触发检测模式:传感器检测到生命体移动输出高电平后,延迟时间段一结束,输出则自动从高电平变成低电平 ② 可重复触发检测模式:传感器检测到生命体移动输出高电平后,如果生命体继续在检测范围内移动,传感器则一直保持高电平,直到生命体离开后才延迟将高电平变为低电平

（3）温湿度检测模块

本设计中的温湿度检测模块采用 SHT20 温湿度传感器,如图 5-19 所示,图中各接口说明见表 5-6。该传感器具有稳定可靠、体积小、响应迅速、功耗低、温湿一体、性价比高等特点。SHT20 的主要技术参数如下:湿度测量范围为 0～100% RH,湿度测量精度为 ±3% RH;温度测量范围为 −40～125 ℃,温度测量精度为 ±0.3 ℃。

图 5-19　SHT20 温湿度传感器

表 5-6　SHT20 接口说明

接口号	接口说明
1	VCC(2.1~3.6 V)
2	GND
3	SDA 双向数据线
4	SCL 时钟信号线

（4）定位模块

本设计中的定位模块采用 ATGM336H－5N，如图 5-20 所示，图中各接口说明见表 5-7。ATGM336H－5N 支持多种卫星导航系统，如 BDS、GPS 等。ATGM336H－5N 具有灵敏度高、功耗低、成本小等特点，适用于定位精度需求不太高的场合。

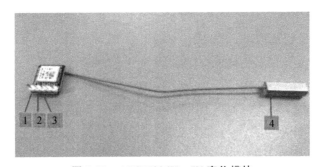

图 5-20　ATGM336H－5N 定位模块

表 5-7　ATGM336H－5N 接口说明

接口号	接口说明
1	VCC(2.7~3.6 V)
2	GND
3	TXD
4	天线

5.4.7　硬件系统搭建

智能探测小车的实物及硬件连接如图 5-21 和图 5-22 所示。L298N 的 ENA、ENB 引脚分别与 NI myRIO A 口的 pin27、pin29 相连；IN1、IN2、IN3、IN4 分别与 NI myRIO A 口的 pin11、pin13、pin15、pin17 相连；超声波云台的

PWM 口与 NI myRIO B 口的 pin31 相连；摄像机云台的 PWM0、PWM1 分别与 NI myRIO B 口的 pin27、pin29 相连；人体红外传感器的 DO 口与 NI myRIO B 口的 pin19 相连；测速传感器的 DO 口与 NI myRIO B 口的 pin11、pin13 相连；温湿度传感器的 SDA、SCL 口分别与 NI myRIO A 口的 pin34、pin32 相连；超声波传感器的 TX、RX 口分别与 NI myRIO A 口的 pin10、pin14 相连；定位模块的 TX 口与 NI myRIO B 口的 pin10 相连。

图 5-21　智能探测小车实物

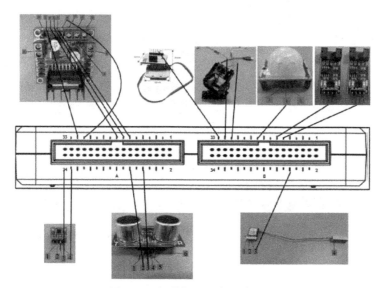

图 5-22　智能探测小车硬件连接

5.5 软件系统设计

5.5.1 PID 控制改进算法程序设计

（1）PID 控制模块

LabVIEW 带有 PID 控制算法模块，如图 5-23 所示。图（a）中共包括 6 个端口，其中几个重要的参数分别是 output range（输出范围）、setpoint（设定量）、process variable（过程量）、PID gains（K_c、T_i、T_d）、reinitialize（重新预置）、output（输出值）；图（b）中包含 3 个参数，分别是 input（输入）、output（输出）、reinitialize（重新预置）。这两个模块分别可实现 PID 控制、PID 输入滤波的功能。

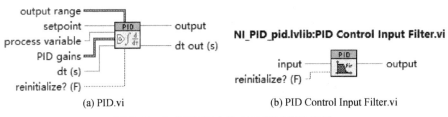

图 5-23 LabVIEW 中的 PID 控制算法模块

（2）动力程序设计

本设计中要求智能探测小车能够在未知环境中完成前进、后退、左转、右转及原地旋转 5 种方式的移动。两个直流电机分别驱动两个前轮，NI myRIO 对电机驱动模块 L298N 上的 IN1、IN2、IN3、IN4 接口分别赋值，实现对直流电机的控制。探测小车若要精确完成全向移动，需要两个前轮以相同的速度配合移动，这样才能使探测小车按照设定的路线行走。设计中使用 LabVIEW 自带的 PID 调节模块精确控制电机转速，保证前两轮能够准确地按设定速度运转，进而实现探测小车的全向移动。

设计中利用测速模块测量出左轮的速度，通过 NI myRIO 中的 PID 控制算法进行计算，根据计算结果设置 PID 增益值，使电机可以按照预定的速度稳定运转。闭环 PID 控制框图如图 5-24 所示。

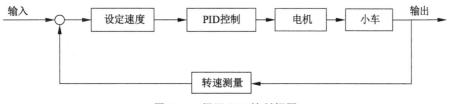

图 5-24　闭环 PID 控制框图

（3）测速程序设计

当光电传感器被码盘遮挡时，其 DO 口输出高电平；当传感器无遮挡时，其 DO 口输出低电平。设计中将光电传感器的 DO 口与 NI myRIO 的 DIO（数字输入输出）口连接，码盘的运动信号经 DO 口传输到 NI myRIO 控制器中，并将其转化为 True 或 False 的开关量信号，通过计算一个高电平和一个低电平的时间和，就可以得到电机转速。NI myRIO 中的数字输入模块及底层 VI 如图 5-25 所示。

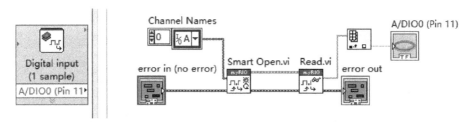

图 5-25　NI myRIO 中的数字输入模块及底层 VI

Digital input 底层 VI 的程序设计方法如下：首先选择通道名称，然后打开该通道读取通道信息，最后通过 LabVIEW 中的数组索引模块将 DO 口输出的开关量赋给 DIO。

本设计中测速程序的最外层是 For 循环，将循环次数设置为 5 次，里层整体采用顺序结构控制程序的执行顺序。在第 1 个顺序结构中采用 While 循环，将 DIO 输入为"F"作为循环的结束条件，当 While 循环结束后开始计时。同理，当 DIO 检测到高电平时结束第 2 个 While 循环，当 DIO 检测到低电平时结束第 3 个 While 循环。在第 3 个 While 循环结束后停止计时，计算出时间差，并利用移位寄存器求出循环 5 次的时间。通过上述步骤可以实现计算码盘转过 1/4 圈所用的时间。

本设计中的速度测量方法采用平均值法，以期降低测速值的误差和波动。测速程序框图如图 5-26 所示。

图 5-26　测速程序框图

（4）PID 调速程序设计

在前面板设置 2 个数值显示控件、1 个波形图表、3 个数值输入控件以及 1 个开关控件，构成如图 5-27 所示的 PID 调速显示界面，PID 调速程序框图如图 5-28 所示。

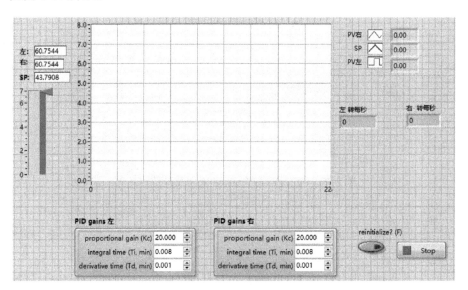

图 5-27　PID 调速显示界面

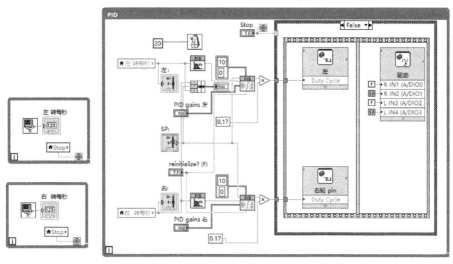

图 5-28　PID 调速程序框图

5.5.2　超声波感知避障算法设计

（1）超声波测距程序设计

根据避障模块的设计思路,本设计中超声波传感器 US-100 采用 UART 串口触发测距,LabVIEW 中 UART 模块及其底层 VI 如图 5-29 所示。在 UART 底层 VI 程序中需要对串口的波特率、数据位、停止位等参数进行设置。

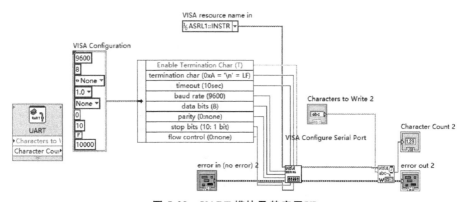

图 5-29　UART 模块及其底层 VI

测距程序整体采用顺序结构,其程序框图如图 5-30 所示。在该程序最外层加 While Loop,就可以方便地实现超声波传感器的实时检测了。

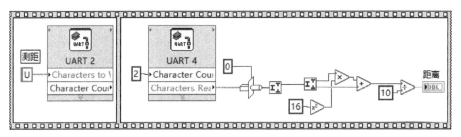

图 5-30　测距程序框图

（2）避障程序设计

为了实现自主避障的功能，本设计提出了 US-100 超声波传感器和舵机云台相结合的设计方案和处理算法。NI myRIO 通过输入不同的 PWM 值控制舵机转向，从而带动 US-100 超声波传感器检测不同方向的障碍物距离。由于小车有一定的转弯半径，当其直接转弯时，很容易与前方的障碍物发生擦碰。为了避免这个问题，本设计提出了后退感知转弯避障算法，其程序流程图如图 5-31 所示。

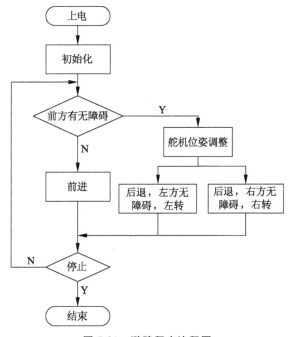

图 5-31　避障程序流程图

为方便调整执行避障动作的时间、转弯角度和速度，本设计将这些量都设置为输入控件,可根据小车的避障效果及时进行调整。避障程序设计前面板如图 5-32 所示。

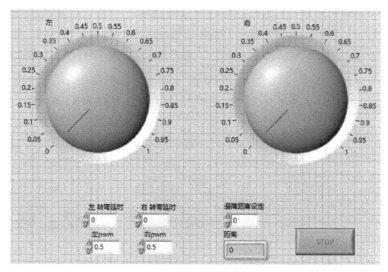

图 5-32　避障程序设计前面板

后退感知转弯避障算法的原理如下:根据超声波测距模块计算得到小车与前方障碍物的距离,当该距离小于预设值时,智能探测小车后退一定的距离,然后利用云台控制算法调整超声波传感器的方向,检测出小车与左、右方障碍物的距离;若小车与左方障碍物之间的距离大于其到右方障碍物的距离,则驱动小车向左转,否则向右转。如此不断循环,从而达到自主避障的目的。后退感知转弯避障算法程序框图如图 5-33 所示。

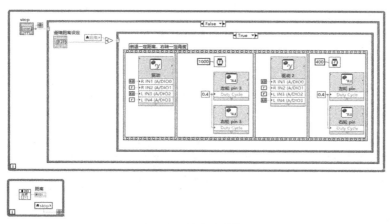

图 5-33　后退感知转弯避障算法程序框图

5.5.3 环境检测模块程序设计

（1）图像采集模块程序设计

在前面板放置 Image Display 图像展示控件。本程序整体采用 While 循环实现图像的不断获取，并通过 WiFi 传输给上位机。考虑到彩色图片占用的内存资源较大，可以利用 LabVIEW 自带的视觉工具 Vision Utilities 中的 IMAQ ExtractSingleColorPlane 将图像的亮度信息提取出来，完成图像的灰度化，提高图像传输的效率。图像采集程序框图如图 5-34 所示。

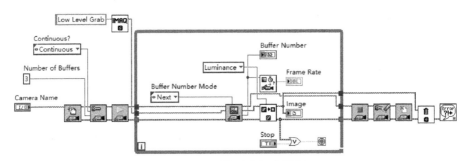

图 5-34　图像采集程序框图

（2）二自由度云台控制程序设计

为提高图像采集的效率，本设计采用自动和手动图像采集两种方式。通过给舵机赋予不同的 PWM 值（频率为 50 Hz）实现云台的位姿调整，从而带动摄像头实现不同角度的图像采集。采用手动采集模式可以根据表 5-8 所示的参数设置对应关系，在程序前面板放置自定义的输入控件，控制舵机带动摄像头寻找目标。采用自动采集模式可以利用 LabVIEW 中的移位寄存器不断更新 PWM 值，实现 0°～180°自动扫描。

表 5-8　手动采集模式下摄像头云台转动角度和 PWM 值的对应关系

PWM 值	转动角度	PWM 值	转动角度
0.120	0°	0.053	120°
0.103	30°	0.037	150°
0.087	60°	0.020	180°
0.065	90°		

在前面板放置 2 个输入控件、2 个布尔控件即可构成云台控制前面板，如图 5-35 所示。

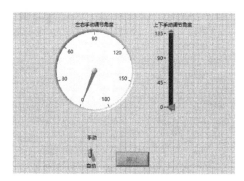

图 5-35　云台控制前面板

　　云台控制程序最外层是 While 循环,里层是"停止"按钮条件选择结构。若"停止"按钮为"Ture",则恢复云台初始位置,否则执行"False"条件下的程序。云台运动自动控制模式的程序设计是通过移位寄存器持续加或减 PWM 的输入值,并以 PWM 值大于或小于某一值为 While 循环结束条件来实现的。在手动模式下,只需将前面板放置的输入控件直接与 PWM 模块相连即可。云台控制程序框图如图 5-36 所示。

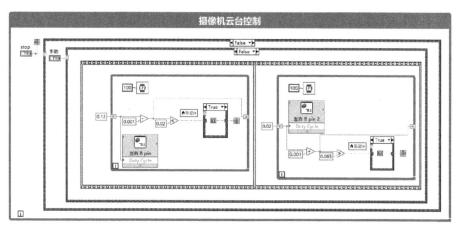

图 5-36　云台控制程序框图

（3）人体检测模块程序设计

　　当没有检测到生命体移动时,人体检测模块 HC－SR501 的 DO 输出接口为低电平,反之输出高电平,故只需要将 DO 口与 NI myRIO 的 DIO 口相连,调用 LabVIEW 中的数字输入接口 Digital input,通过条件结构判断 DO 口的值。将 Digital input 输出连接到选择结构端子,若输出为"Ture",则给

LED 赋值"T"；否则，给 LED 局部变量赋值"F"。若想实现不间断检测，则只需在最外层添加 While 循环。人体检测模块程序设计框图如图 5-37 所示。

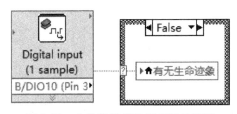

图 5-37　人体检测模块程序设计框图

（4）SHT20 温湿度读取程序设计

本设计通过调用 LabVIEW 中的 I2C 模块，写入开始指令"0X40"，再分别写入读温度指令"0XE3"、读湿度指令"0XE5"以获取传感器输出的温度和湿度信息，通过相应计算即可测得环境的温度和湿度值。本设计中的温湿度检测采用 I2C 接口进行数据的读写，SDA（串行数据线）和 SCL（串行时钟线）都是双向 I/O 线。LabVIEW 中 I2C 模块及其底层 VI 如图 5-38 所示。温湿度检测程序整体采用顺序结构，在最外层添加 While 循环即可实现实时检测温湿度的功能。温湿度读取程序框图如图 5-39 所示。

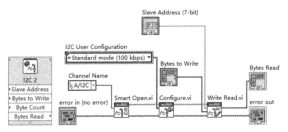

图 5-38　I2C 模块及其底层 VI

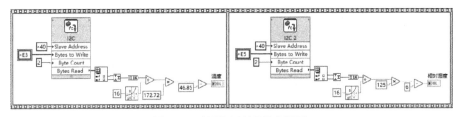

图 5-39　温湿度读取程序框图

5.5.4　GPS 定位程序设计

（1）定位信息采集程序设计

ATGM336H－5N 与 NI myRIO 的通信方式为串口通信，只需将 AT-GM336H－5N 的 TX 引脚与 NI myRIO 的 UART RX 引脚相连，通过调用 LabVIEW 串口通信模块读取 ATGM336H－5N 返回的信息，利用该软件的字符串提取、组合、转换等功能，可以将有用信息显示在前面板上。GPS 定位模块前面板设计如图 5-40 所示，程序设计框图如图 5-41 所示。

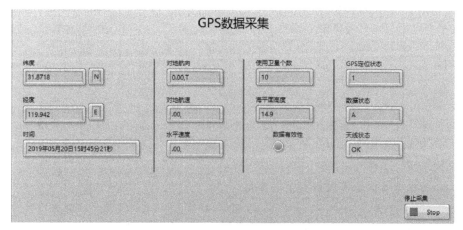

图 5-40　GPS 定位模块前面板

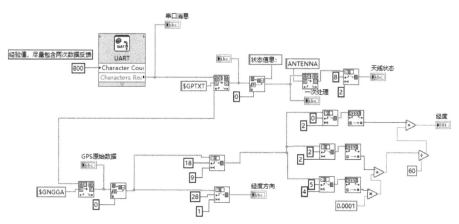

图 5-41　GPS 定位模块程序设计框图

示例：NI myRIO 通过串口读取 ATGM336H－5N 返回的数据，如图 5-42 所示，与之对应的数据含义说明见表 5-9。

```
$GNGGA,072153.000,3152.3073,N,11956.5424,E,1,10,
1.9,15.8,M,0.0,M,,*4A
```

图 5-42　NI myRIO 读取的数据

表 5-9　$GNGGA 数据含义说明

序号	名称	数据	数据含义说明
1	消息 ID	$GNGGA	GGA 协议的数据头
2	UTC 时间	072153.000	格式：hhmmss.sss
3	纬度	3152.3073	格式：ddmm.mmmm
4	纬度方向	N	N：北纬；S：南纬
5	经度	11956.5424	格式：dddmm.mmmm
6	经度方向	E	W：西经；E 东经

表中具体信息可进行如下转换：

UTC 时间：格式为 hhmmss.sss，即表示 7 点 21 分 53 秒（小数点后的 3 位秒忽略），由于北京地处东八区，所以北京时间是 15 点 21 分 53 秒；

纬度：纬度＝dd＋（mm.mmmm/60），例如，数据"3152.3073"表示北纬 31.8718；

经度：经度＝ddd＋（mm.mmmm/60），例如，数据"11956.5424"表示东经 119.9424。

（2）地图显示程序设计

获得经纬度信息后，通过调用高德地图的坐标转化 API、静态地图 API 的方式，将 GPS 经纬度转化成高德地图的经纬度并将坐标显示在地图上，如图 5-43 所示。

图 5-43　地图显示程序前面板

调用静态地图 API 的程序设计整体采用 While 循环,高德静态地图地址为 https://restapi.amap.com/v3/staticmap? location＝纬度,经度 &size＝750 * 450&markers＝mid,,C:纬度,经度 &key＝用户名。在 While 循环中加 1050 ms 延时,即每隔 1050 ms 通过该网址刷新静态地图一次。调用静态地图 API 程序框图如图 5-44 所示。

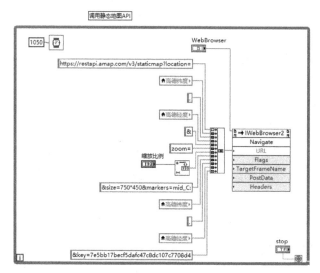

图 5-44　调用静态地图 API 程序框图

5.5.5　人机交互

本设计用户终端操作界面主要分为信息采集和智能探测小车、摄像头云台控制两部分。用户可通过界面实时观察经纬度、温湿度、海拔高度、周围环境变化,还可以通过界面上的方向按键手动控制小车的前进方向,上位机上的人机交互界面如图 5-45 所示。

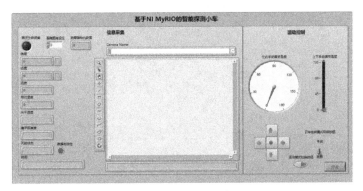

图 5-45　人机交互界面

5.6　实验测试

5.6.1　系统调试

进行系统整体调试时,可采用下面的步骤:

(1) 配置 NI myRIO:在 NI MAX 中将 NI myRIO 与 PC 机的连接方式配置为"连接至无线网络"。

(2) 工程创建:因为不能直接对实时的 ARM 处理器进行编程,所以需要在 LabVIEW 中首先创建一个针对 NI myRIO 的项目。

(3) 将程序下载到下位机控制系统中。

5.6.2　PID 控制器参数整定

PID 控制器参数整定是 PID 控制系统设计的核心内容,通常采用优选法、试凑法或工程法来确定 PID 参数。本设计采用试凑法来确定 K_P、T_i、T_d 的大小。

在 PID 调试过程中可以按照以下步骤快速确定 K_P、T_i、T_d 的大小:

(1) 将 T_i、T_d 设为 0,增大 K_P 并找到临界不稳定值;

(2) 加大 T_i,使系统响应至目标值;

(3) 重新上电,观察系统响应是否符合要求;

(4) 根据结果进行适当调整。

PID 参数整定结果如图 5-46 所示。显然,当 K_P 为 0.4,T_i 为 0.01,T_d 为 0.001 时,调节效果较好。

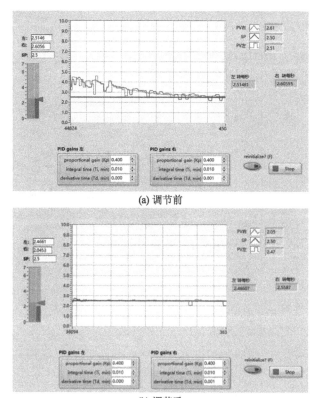

(a) 调节前

(b) 调节后

图 5-46　PID 参数整定结果

5.6.3　系统运行测试与分析

系统实际运行的上位机人机交互界面如图 5-47 所示。

图 5-47　上位机人机交互界面

系统调试和运行表明,智能探测小车的各项功能良好,能达到预期的设计要求。

为测试超声波测距的精度,实验组进行了整机运行测试(图 5-48)。表 5-10 是距离测量值和实际值对照表。

图 5-48　整机运行测试

表 5-10　距离测量值和实际值对照表

距离测量值/cm	距离实际值/cm	误差绝对值
4.0	3.8	5.3%
7.3	6.9	5.8%
8.0	8.1	1.2%
10.8	10.6	1.89%
13.7	13.6	0.74%
15.0	14.7	2.0%
20.1	19.8	1.5%
20.6	21.0	1.9%
26.2	25.8	1.55%
25.7	25.5	0.78%
32.6	32.5	0.31%
36.7	36.7	0%
40.9	40.9	0%
46.2	46.0	0.43%
35.8	35.4	1.1%
26.7	26.5	0.75%
12.8	12.6	1.6%

由表可知,距离测量值与实际值之间的误差较小,检测到的信号量能够真实地反映探测小车距离前方障碍物的实际距离。

第 6 章

基于 NI myRIO 的四旋翼飞行器控制系统设计

6.1 引言

四旋翼飞行器具有结构简单、承重能力强、飞行姿态稳定、能够自主悬停等特点。本设计以 NI myRIO 为核心，自主搭建四旋翼飞行器硬件平台；通过陀螺仪读取参数，采用四元数 AHRS 姿态解算算法对飞行器空中姿态进行解算；融合角速度、加速度、磁力计的实时数据，通过互补滤波对算法进行修正，实现四旋翼飞行器的稳定飞行；基于 LabVIEW 平台开发设计飞行器的实时控制和上位机监测系统，实现飞行器定位及运动控制、实时环境传输等功能。本设计涉及空气动力学、计算机控制技术、多传感器融合技术等测控专业知识。通过项目开发，不仅可以将机械结构、计算机控制、传感器原理、计算机仿真、自动控制等课程知识运用其中，还可以结合机器视觉、图像处理、人工智能集群等前沿技术对其进行应用扩展。

6.2 四旋翼飞行器的飞行原理

旋翼类飞行器通过旋翼快速旋转产生向上的升力，驱动飞行器飞行。以四轴飞行器为例，其单个电机螺旋桨旋转产生的升力效果如图6-1所示。

当电机带动螺旋桨旋转时，螺旋桨会产生向上的升力 F 和转矩 M。显然，如果仅有 1 个旋翼，那么飞行器只能做上升或下降的动作，无法实现前后飞行。另外，由于螺旋桨自带旋转力矩，因此会导致飞机一直进行自旋。四轴飞行器采用 4 个电机配螺旋桨，产生的 4 个旋翼升力 F 都向上，相对的2个旋翼转向相同，相邻的2个旋翼转向相反。

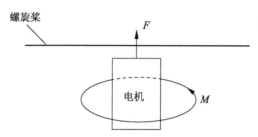

图 6-1　单个电机螺旋桨受力效果图

（1）升降运动

四轴飞行器的升降运动主要有垂直上升、垂直下降和悬停三种状态。如图 6-2 所示，在理想状态下，当四轴飞行器 4 个电机转速相等时，每个螺旋桨提供的升力 F 均相等，从而使机身保持水平（不发生倾斜）状态。每个螺旋桨提供的转矩 M 大小相等，2 个电机正转，2 个电机反转，故 4 个螺旋桨的转矩 M 相互抵消，飞行器不会自旋。当 $4F > Mg$ 时，四轴飞行器将保持垂直上升；当 $4F < Mg$ 时，四轴飞行器将保持垂直下降；当 $4F = Mg$ 时，四轴飞行器将保持悬停状态。

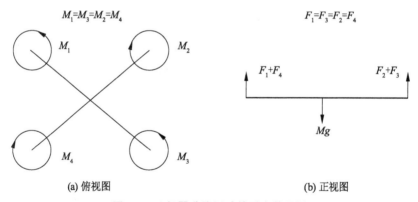

图 6-2　飞行器升降运动的受力效果图

（2）侧向运动

四轴飞行器的侧向运动主要有左飞和右飞两种运动状态。如图 6-3 所示，以四轴飞行器右飞运动为例，升力 $F_1 = F_4 > F_2 = F_3$，即左边升力大于右边升力，飞行器左高右低。此时，四个升力的合力 F 在竖直方向的分力等于飞行器所受重力，飞行器在高度上保持不变；合力 F 水平向右的分力驱动飞行器向右侧飞行。同时，由于 4 个电机的转矩 $M_1 = M_4 > M_2 = M_3$，可以两两相抵消,因此飞行器不做自旋运动。

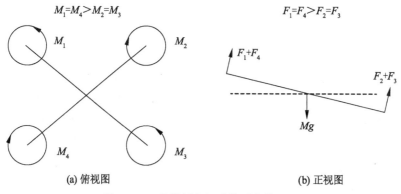

图 6-3　飞行器侧向运动的受力效果图

（3）偏航运动

四轴飞行器的偏航运动实际就是其水平旋转运动。如图 6-4 所示,当四轴飞行器在做偏航运动时(以其逆时针自旋为例),由俯视图可知,四轴飞行器的 1 号电机和 3 号电机转速相等,且大于 2 号电机和 4 号电机,即 $M_1 = M_3 > M_2 = M_4$。由于四轴飞行器的逆时针转矩大于顺时针转矩,因此飞行器做逆时针旋转。同时,由于 $F_1 = F_3 > F_2 = F_4$,飞行器左右前后升力相等,因此飞行器保持水平状态。

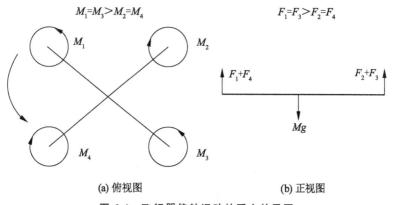

图 6-4　飞行器偏航运动的受力效果图

（4）前后运动

四轴飞行器前飞和后飞运动的受力分析与左飞右飞运动类似,在此不再赘述。

6.3 系统硬件搭建

6.3.1 系统硬件构成

本设计中的四旋翼飞行器主要硬件结构包括主控模块、电源模块、传感器模块、执行模块、GPS模块、物流模块等。飞行器主控模块为 NI myRIO – 1900，它通过 WiFi 与上位机相连，实时接收上位机发送的指令，并将这些指令传输到各个模块，完成所规定的任务；电源模块选用合适的锂电池给 NI myRIO – 1900 和电机供电；传感器模块主要指 MPU6050 传感器（集成了 3 轴陀螺仪传感器、3 轴加速度计传感器和 3 轴磁力计传感器）；执行模块主要由 4 个电子调速器（以下简称"电调"）、4 个电机和 4 个螺旋桨构成。其硬件系统构成的框架图如图 6-5 所示。

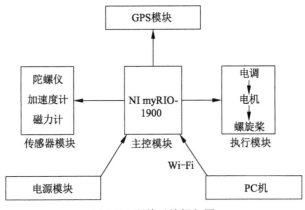

图 6-5　硬件系统框架图

6.3.2 各模块硬件选型

（1）主控模块

选择四旋翼飞行器的主控制器除了需要满足实时性、稳定性、低功耗等条件，还应考虑以下因素：

① 数据处理能力：四旋翼飞行器在空中飞行过程中，需要进行大量数据的处理运算，因此要求主控制器有超强的数据运算和处理能力。

② 接口数量：四旋翼飞行器需要诸多传感器来检测自身各项指标，这就要求主控制器有大量的接口来完成传感器与飞行器之间的连接。

③ 满足数据传输与处理的实时化、体积轻量化、成本低等要求。

综合考虑以上要求，本设计采用 NI（National Instruments）公司的 NI

myRIO - 1900 作为主控制器。NI myRIO - 1900 是专门面向院校学生设计的一款嵌入式开发平台,具有超强的数据处理能力和可观的接口数量,还有实时化、轻量化、功耗低、成本低等优点,且支持 667 MHz 双核 ARM Cortex - A9 可编程处理器以及可定制的现场可编程逻辑门阵列(FPGA)。

(2) 电源模块

电源模块采用格氏 3S 3300 mA·h、25 C 的锂电池给 4 个电机供电,该电池容量为 3300 mA·h,放电倍率为 25 C,电压为 12 V,放电时电流为 81.2 A,具有续航持久、动力稳定、放电倍率高,且可以反复充电使用、对环境危害小等优点。此外,电源模块还选用 12 V 可充电锂电池给 NI myRIO - 1900 供电。

(3) 传感器模块

本设计选用 MPU6050 JY901 传感器。该传感器集成了高精度的陀螺仪、加速度计及地磁场传感器;采用了高性能的微处理器和先进的动力学解算法与卡尔曼滤波算法,能够快速求出模块当前的实时运动姿态;支持串口和 IIC 两种数字接口,为用户提供了最佳的连接方式。

(4) GPS 模块

本设计选用 ATGM336H - 5N GPS 导航模块。该模块供电设备具有 SMA 天线接口及 IPEX 天线接口,功耗低,能够长时连续运行。

(5) 执行模块

① 电机和电调

电机选用朗宇 X2212 KV980 无刷电机,其主要性能参数如下:定子外径为 22 mm、定子厚度为 12 mm、定子级度为 14、最大连续输入电流为 15 A/30 s、最大连续输出功率为 300 W。电调选用好盈天行者 20 A。

② 机架

本设计选用 F450 空机架。此机架采用高强度的 PCB 板制作,耐摔、耐撞,便于电调和电源线的排线。

③ 螺旋桨

本设计选用与朗宇无刷电机相配套的 ATG1047 正反桨,优点在于其韧性好、耐撞击。

(6) 物流模块

本设计采用碳纤维储物箱进行快递货物的储存和携带。碳纤维储物箱结构简单、重量小、韧性好,能够满足无人机运输快递的要求。同时,考虑到物品安全问题,采用数字密码锁对碳纤维储物箱进行加密,在实际运送过程中可以实时设置密码,并通过短信方式将密码发送至客户手机上。

(7)飞行器实物

按照硬件系统设计方案将各单元器件组合安装,安装后的四旋翼飞行器实物如图 6-6 所示。

图 6-6　四旋翼飞行器实物及各单元器件

6.4　系统软件设计

6.4.1　数据采集程序设计

将 MPU6050 JY901 传感器的加速度计和角速度计数据接口 SCL、SDA 以及供电接口 VCC、接地端接口 GND 与 NI myRIO-1900 上的对应接口相连,利用 LabVIEW 软件自带的 I2C 模块读取传感器采集到的端口数据,并以波形的形式在前面板上进行显示。具体的程序设计方法在第 5 章已经说明。

6.4.2　姿态解算程序设计

(1)姿态数据采集

本设计利用传感器采集飞行器的实时信息,结合互联网收集到的有用信息资源,利用计算机强大的运算能力进行分析处理,为四旋翼飞行器制订适合的飞行策略。

传感器 MPU9255 的内部电路如图 6-7 所示。NI myRIO 通过 IIC 协议与 MPU9255 连接并读取相应寄存器中的数据,再将其转化为合适量程的数据进行处理。

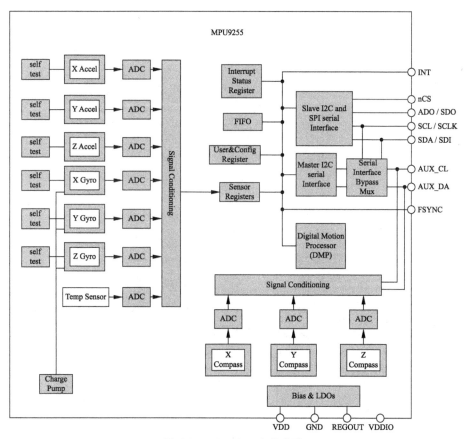

图 6-7　MPU9255 内部电路

(2) 传感器 MPU9255 的初始化

传感器 MPU9255 的内部为加速度计、陀螺仪、磁力计、气压计分别分配了独立的寄存器地址,每个传感器的寄存器有 6 个数据(3 组高低位),将其按一定的规则位排列组合,供后续的姿态解算程序使用。

在 NI myRIO 中对传感器 MPU9255 进行初始化的流程图如图 6-8 所示。在顺序结构中加 500 ms 的上电延迟,对 MPU9255 的 5 个寄存器进行赋值操作,实现解除休眠、配置芯片、配置加速度计和陀螺仪,使传感器激活以便读取相关数据。

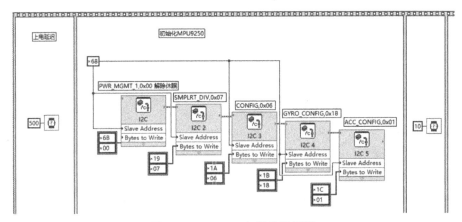

图 6-8　MPU9255 初始化流程图

（3）加速度计、陀螺仪、磁力计数据的读取

加速度计通过 IIC 协议与主控板共享数据。将传感器 MPU9255 的 SCL、SDA 线与 NI myRIO 连接,在上位机中调用 NI myRIO 中的 I2C 模块,对相应引脚数据进行读写操作。本设计中采用 write-read 模块,在向 I2C 模块,写入传感器 I2C 总线地址的同时,写入需要读取数据的起始低位地址及需要的位数。从传感器中读到的是一维数组,将数组元素拆解,高低位合成,经过量程转换后变为可进行姿态解算的数据,其数据读取程序框图如图 6-9 所示。陀螺仪数据的读取方式与此相同。

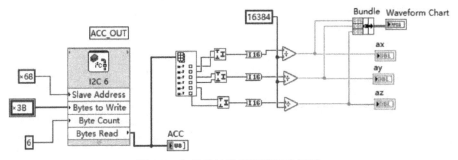

图 6-9　加速度计数据读取程序框图

与加速度计、陀螺仪读取数据的方式不同,磁力计在每次使用前均需要校准数据,因此在对磁力计数据进行读取的时候,需要先配置惯性测量单元

(IMU)的寄存器。其数据读取程序框图如图 6-10 所示。

ACC_OUT
Slave Address
Bytes to Write
Byte Count
Bytes Read
ACC

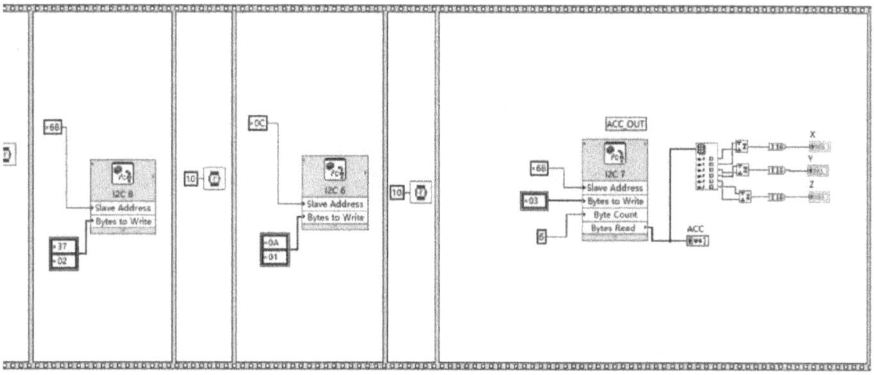

图 6-10　磁力计数据读取程序框图

(4) 四元数 AHRS 姿态解算算法

目前使用较多的飞行器姿态解算算法主要有 IMU 算法和 AHRS 算法,AHRS 算法是 IMU 算法的进阶。本设计采用基于四元数的 AHRS 姿态解算算法。该算法在导航技术中应用广泛,精度高、计算量小,其算法流程图如图 6-11 所示。本设计利用 LabVIEW 公式节点的流程结构,在设置好输入点和输出点后,可以很轻松地实现对采集到的数据进行复杂的公式化运算。

6.4.3 PID 控制算法程序设计

本设计采用 PID 控制算法对经姿态解算得到的飞行器俯仰角、横滚角及偏航角等进行运算,得到合适的占空比,并通过四个电机控制螺旋桨的转速对飞行器的姿态进行调节,进而完成稳定、前进、后退、左转、右转、上升、下降等复杂操作。PID 控制算法流程及其程序框图如图 6-12 和图 6-13 所示。

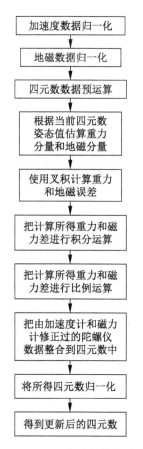

加速度数据归一化
地磁数据归一化
四元数数据预运算
根据当前四元数姿态值估算重力分量和地磁分量
使用叉积计算重力和地磁误差
把计算所得重力和磁力差进行积分运算
把计算所得重力和磁力差进行比例运算
把由加速度计和磁力计修正过的陀螺仪数据整合到四元数中
将所得四元数归一化
得到更新后的四元数

图 6-11　AHRS 姿态解算算法流程图

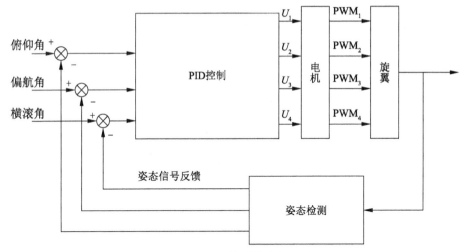

图 6-12　PID 控制算法流程图

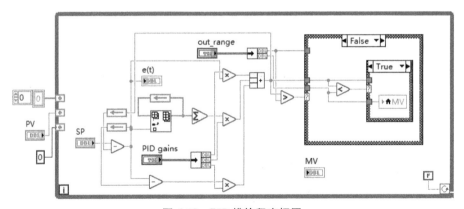

图 6-13　PID 模块程序框图

6.4.4　智能物流模块程序设计

本设计通过 NI myRIO‐1900 与上位机 LabVIEW 进行数据交互,在 PID 算法控制下与 GPS 导航结合,构建出智能化的物流信息系统。无人机自主完成起飞、姿态调节、GPS 与高德地图双重定位、循迹导航等一系列复杂操作后,将物品送至客户,然后通过惯性导航自主回到起始位置。系统 GPS 模块的软件设计方法在第 5 章已经介绍。高德地图模块前面板如图 6-14 所示。

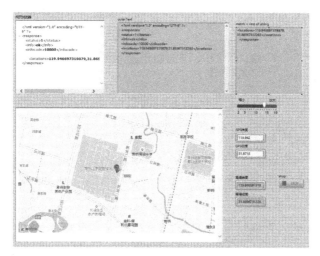

图 6-14　高德地图模块前面板

6.5　系统调试

6.5.1　单、双环 PID 控制模块的调试

（1）电机拉力分配原则

调节 PID 运算后输出的占空比的拉力分配原则，将俯仰角和偏航角的输出值赋为"0"，调节横滚角输出值的拉力分配原则。调节方法如下：当飞行器向某一方向偏转时，应加大该方向占空比输出值，控制飞行器回到原来的位置。按照同样的方法调节俯仰方向的拉力分配原则，最后调节偏航方向的拉力分配原则。具体的拉力分配原则见表 6-1。

表 6-1　电机拉力分配原则

电机	横滚方向	俯仰方向	偏航方向
PWM$_1$	+	+	+
PWM$_2$	+	−	−
PWM$_3$	−	−	+
PWM$_4$	−	+	−

（2）调试方法

先对传感器 MPU6050 JY901 采集到的某一数据进行单环 PID 控制，即对其中的一项参数进行调试，当调试出较为理想的参数后，换一个方向进行调试。重复上述步骤,直到调试出相对满意的参数,然后将两项参数组合,进行双环 PID 控制。对角度值(X,Y,Z)进行单环 PID 控制的软件界面如图 6-15 所示。图中,PV 值为实时监测到的角度值,SP 值为输入的期望角度值,MV 为进行 PID 控制后的输出值,经过拉力分配之后反映为占空比输出到电机,使电机转速产生变化,从而达到姿态调整的作用。

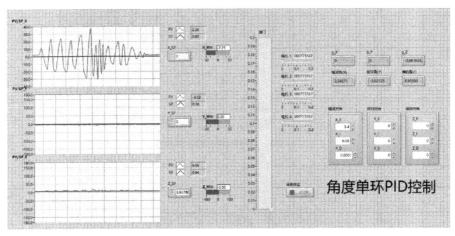

图 6-15　角度单环 PID 控制上位机界面

对角速度值进行单环 PID 调节的软件界面如图 6-16 所示。

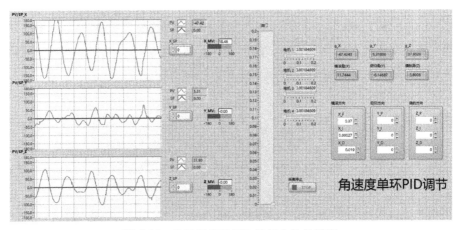

图 6-16　角速度单环 PID 控制上位机界面

在分别对角度和角速度进行单环 PID 控制的基础上,进行双环 PID 控制(串级 PID 控制)后,把角速度 PID 控制作为内环控制,把角度 PID 控制作为外环控制,并将之前测得的数据运用到双环 PID 控制中,同时将飞行器放在调试架上进行万向调试，进一步优化数据。双环 PID 控制的软件界面如图 6-17 所示。

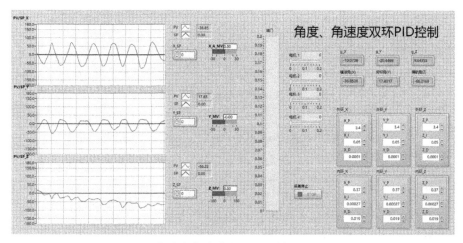

图 6-17　角度和角速度双环 PID 控制上位机界面

6.5.2　实验结果

PID 调试实验装置如图 6-18 所示。单环 PID 调试得到的数据如表 6-2 和表 6-3 所示。双环 PID 调试得到的数据如表 6-4 所示。

图 6-18　PID 调试实验装置

表 6-2　外环角度单轴调试结果

算法	横滚方向	俯仰方向	偏航方向
P（比例）	3.42	3.4	3.4
I（积分）	0.05	0.06	0.09
D（微分）	0.0001	0.0013	0.00015

表 6-3　内环角速度单轴调试结果

算法	横滚方向	俯仰方向	偏航方向
P(比例)	0.37	0.35	0.35
I(积分)	0.00023	0.0003	0.0002
D(微分)	0.015	0.015	0.013

表 6-4　双环 PID 参数万向调试结果

内环 PID 参数			
算法	横滚方向	俯仰方向	偏航方向
P(比例)	3.4	3.42	3.37
I(积分)	0.05	0.08	0.1
D(微分)	0.0001	0.001	0.0001
外环 PID 参数			
算法	横滚方向	俯仰方向	偏航方向
P(比例)	0.37	0.32	0.37
I(积分)	0.00027	0.0003	0.00023
D(微分)	0.019	0.015	0.011

经过调试后,飞行器运行程序前面板如图 6-19 所示。

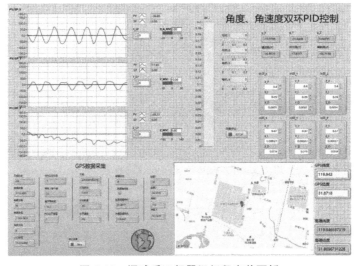

图 6-19　调试后飞行器运行程序前面板

将调试好的 6 组数据输入 PID 控制算法,飞行器飞行的实景照片如图 6-20 所示。

(a) 室内低空飞行　　　　　　　　　(b) 室外高空飞行

图 6-20　四旋翼飞行器飞行实景照片

第 7 章

LED 结温测试系统设计

7.1 引言

随着半导体照明技术的发展,LED 在照明和显示领域日渐广泛。在使用过程中,结温发热会严重影响 LED 光色性能及使用寿命。因此,准确、快速地测量结温对健康照明、绿色照明具有重要的现实意义。通过本项目的训练,学生能够熟悉半导体发光的基本原理,掌握模拟量电压的测量方法,根据项目要求合理选择传感器、设计调理电路、编制虚拟仪器软件,实现电压信号的采集、温度转换、结温计算、自动化连续测量控制、数据存储等功能,不仅锻炼了学生解决实际问题的能力,而且帮助其树立了绿色环保的工程理念。

7.2 LED 结温测试方法

7.2.1 LED 结温概述

LED 的基本结构是一个半导体 P-N 结。当有电流流过 LED 元件时,P-N 结的温度上升,将这个 P-N 结区域的温度定义为 LED 结温。由于 LED 元件芯片具有很小的尺寸,因此往往把 LED 芯片的温度视为结温。LED 在使用过程中存在发热现象,随着工作时间和工作电流的增加,LED 结温会持续升高,导致其发光强度和光通量下降,寿命减短,因此对 LED 结温进行准确地测量具有重要的现实意义。

根据理想的线性温度响应,在输入恒定电流的条件下,LED 两端的输入电压值随着温度的升高而单调减小,两者之间的关系可以近似表示为

$$V_T = V_0 + K(T_j - T_0) \tag{7-1}$$

式中,V_T 是在结温 T_j 时测得的 LED 处的正向电压,V_0 是在环境温度 T_0 时测

得的 LED 处的正向电压，K 是电压-温度系数。

由式(7-1)可以得到 K 和 LED 结温的表达式：

$$K = \frac{V_T - V_0}{T_j - T_0} \tag{7-2}$$

$$T_j = T_0 + \frac{V_T - V_0}{K} \tag{7-3}$$

式中，T_j 为稳定状态下的 LED 结温，V_T 为稳定状态下 LED 两端的正向电压，T_0 是初始温度，V_0 是温度为 T_0 状态下的初始电压，K 为测得的电压-温度系数。

由此可知，只要能够知道 LED 的电压-温度系数 K，并测得 T_0、V_0 和 V_T，就可以计算出 LED 的结温 T_j。

7.2.2　LED 结温测量方法

(1) 电压-温度系数

电压-温度系数的测量一般采用正向电压法。LED 两端电压与温度之间呈线性关系，可表示为

$$V_T = KT_j + A \tag{7-4}$$

式中，A 为 LED 工作电流。

在输入电流恒定的条件下改变温度，分别测量不同温度下 LED 两端的瞬时电压值，利用最小二乘原理进行线性拟合，就可以得到电压-温度系数 K。具体测试步骤如下：

① 将待测 LED 放在温控台上；

② 将温控台温度设为 20 ℃，LED 与温控台充分接触；

③ 连接可编程逻辑电源，设定输入 LED 的电流值并给 LED 通电，测量 LED 两端瞬时电压值及 LED 芯片的温度；

④ 将温控台温度分别设定为 30 ℃，40 ℃，50 ℃，…，70 ℃，重复②、③步骤，测量并记录相应的瞬时电压值及温控台温度；

⑤ 计算得到电压-温度系数 K。

(2) 结温测量

在环境温度 T_0 下，给 LED 两端通入 350 mA 的工作电流。通电一段时间待其达到热平衡后，将工作电流切换为 15 mA，记录此时的输出电压 V_j。由式(7-3)计算出结温 T_j。

（3）光效测量

光效的测量步骤可参照电压-温度系数的测量步骤。

7.3　硬件平台的搭建

7.3.1　测量系统的结构

LED结温测量系统由计算机、温控台、串联电阻、恒流源、数据采集卡等构成，如图7-1所示。恒流源提供LED工作电流，数据采集卡分别采集串联电阻两端的电压和LED两端的正向电压，上位机程序对获取的信息进行计算得到LED结温数值，同时实现数据的记录、显示、保存等功能，温控模块提供恒定的温度，其变化范围为20～100 ℃。

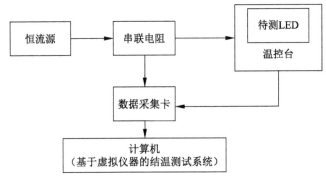

图7-1　系统硬件构成

7.3.2　各器件选型

（1）恒流源

系统采用WY3101三通道精密数显直流稳流稳压电源，它具有高智能、高稳定度、高精度、操作简单、输出电流及电压连续可调等优点。其主要技术指标如表7-1所示。

表7-1　三通道精密数显直流稳流稳压电源的主要技术指标

项　目	技术指标
稳流时电压稳定度	$\leqslant 1\times 10^{-4}$读数＋0.5 mA
稳流时负载稳定度	$\leqslant 1\times 10^{-4}$读数＋1.5 mA
满度时输出电压漂移	±0.01％读数/3 min
满度时输出电流漂移	±0.01％读数/3 min

续表

项　目	技术指标
电压表量程	5 V/10 V
电压表分辨力	0.0001 V（0.0000～9.9999 V）； 0.001 V（10.000 V）以上
电压表准确度	±（0.02％读数＋0.01％量程＋2 字）
稳压时电压纹波（V_{rms}）	2 mV
稳流时电流纹波（I_{rms}）	1 mA
电流表量程	0.2 A/1 A
电流表分辨力	0.0001 A
电流表准确度	±（0.02％读数＋0.01％量程＋2 字）
最大输出能力	3×10 VA（每通道 10 VA，共 3 通道）

（2）数据采集卡

数据采集卡选用 NI myDAQ 数据采集卡，如图 7-2 所示。该采集卡有 16 位双通道模拟输入输出，200 kS/s；内部包含 8 个数字 I/O，1 个计数器，数字万用表，±5 V、±15 V 电源。接线端配置分为差分信号和单端信号两种。因为差分信号具有抗干扰能力强、能有效抑制电磁干扰、时序定位准确等优点，所以本设计利用 AO 0 通道输出电压，AI 1 通道连接 LED 两端，采用差分方式采集 LED 两端的电压。数据采集卡测量连线方式如图 7-3 所示。

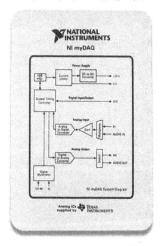

图 7-2　NI myDAQ 数据采集卡

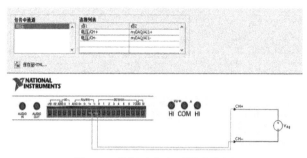

图 7-3　数据采集卡测量连线图

（3）可控硅移相调压器

本设计选用的 JKH-C1 型移相触发器/调压器，其主要技术指标如表7-2 所示。

表 7-2　JKH-C1 型移相触发器/调压器主要技术指标

项　目	技术指标
输入规格	0～10 mA,4～20 mA,1～5 V
输出规格	三相三线制触发/调压
移相范围	0～180°
触发容量	≤800 A(两个单向反并联的可控硅,或者可控硅与二极管反并联)
电源电压	85～264 V(AC)

（4）Pt100 铂热电阻

本设计选用 Pt100 铂热电阻传感器测量 LED 的温度。Pt100 的阻值在一定范围内会随着温度的变化而线性改变,它在 0 ℃时的阻值为 100 Ω,在 100 ℃时的阻值约为 138.5 Ω。根据其阻值变化可以计算出待测温度值。由于 LED 结温测试变化范围为 15～80 ℃,因此选用 Pt100 铂热电阻传感器进行温度测量较为合理。

（5）制冷片

本设计选用 TEC1-12706 制冷片作为降温设备或升温设备,其基本参数如表 7-3 所示。

表 7-3　TEC1-12706 制冷片基本参数

项　目	参　数
型号	TEC1－12706
内部阻值	2.1～2.5 Ω
最大温差	60 ℃以上
工作电流	4.5 A
额定电压	12 V
最大电流	5.8 A
最大电压	15 V

（6）积分球

积分球的内壁涂有白色漫反射层,当光进入积分球后经多次反射,光照度叠加。因为光通量与光照度成正比,所以可通过测量任意点的光照度得到光通量。本设计采用杭州远方兴电有限公司生产的积分球。实验中将 LED 灯固定在温控台上,放入积分球中,利用光纤探头对 LED 发射的光进行接收并送入上位机,对 LED 的光效、光通量等光学特性进行数据测试与分析。积分球波长范围为 380～780 nm、波长准确度为 ±0.3 nm、半峰带宽为 2.0 nm、光通量测量范围为 0.01～20000 lm(配大小合适的积分球)。配置 LED 壳温/结温控制系统为 TEC 自动控温,精度为 0.5 ℃;被测 LED 的最大功率是 100 W,最大尺寸是 100 mm×100 mm。

（7）系统硬件平台

测量系统硬件平台搭建如图 7-4 所示。将 LED 灯放在温控台上,控制 LED 灯的环境温度,设置输入的电流值,将数据采集卡的采集端口连接到 LED 两端的夹板上,另一端连接电脑。对 LED 灯通电后,上位机采集电压并进行结温计算。

图 7-4　测量系统硬件平台搭建

7.4 软件系统设计

7.4.1 设计思路

本设计的软件系统包含 7 个模块,如图 7-5 所示。登录模块能实现以用户名和密码验证并登录程序,采集参数设置模块实现温度参数设置和子程序的调用,电源控制模块通过对电源的控制改变输入电流的大小,PID 温控模块可实现对温度的控制,K 系数测量模块通过循环采集 LED 电压实现电压-温度系数的计算,结温计算模块调用电压-温度系数并计算得到 LED 结温,数据保存与打印模块实现对测量数据和结果的保存、打印等功能。软件的设计思想是先编制对应功能的各个模块程序,采用菜单编辑方式在主程序中进行各个状态的转换,利用 case 结构调用编写好的各个模块子 VI,运行程序时通过点击菜单栏选择需要运行的程序。

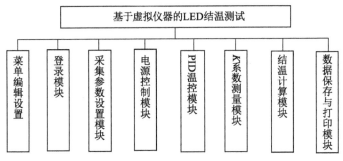

图 7-5 软件系统模块设计

7.4.2 各模块程序设计

(1) 登录模块

登录程序设计采用双条件结构,利用 LabVIEW 中 Dialog&User Interface 的 Prompt User for Input 选项设置登录界面需要的数据和界面名称。使用时只要输入的用户名和密码与预设数据比对正确,便能成功登录。登录程序框图如图 7-6 所示。

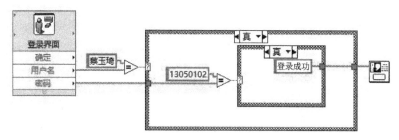

图 7-6　登录程序框图

（2）采集参数设置模块

本设计利用全局变量设置 4 个输入控件，分别为初始温度、间隔温度、最终温度和精度范围。4 个控件分别调用全局变量中的 4 个参数。

（3）电源控制模块

WY3101 三通道精密数显直流稳流稳压电源的数据接口采用 RS232 与上位机进行通信，利用 LabVIEW 串口通信函数选板里的配置串口、VISA 写入函数、读取函数、关闭函数等函数控件，实现对电源的控制。

本设计中，仪器串口工作模式为 9 bits 通信模式，一帧数据有 11 位，第一位为起始位，中间 8 位为数据位，第 9 位为可编程位（发送地址时约定为 1，发送数据时无约定），最后一位为停止位。波特率设置为 2400 Bd/s。仪器接收到的地址码正确即上传地址码反码，待接收到上位机下发的命令后执行相应的操作。具体程序框图如图 7-7 所示。

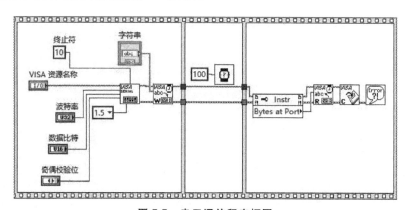

图 7-7　串口通信程序框图

（4）PID 温控模块

本设计选择 LabVIEW 自带的 PID 控制工具包里的 PID.vi 子程序。其中，Setpoint 输入设定温度；Process Variable 连接采集通道采集实时温度；PID gains 为 PID 控制 3 个参数的设定值；Output 是调整后的被控制量，输出到可控硅模块控制制冷片实现升温或降温。具体程序框图如图 7-8 所示。

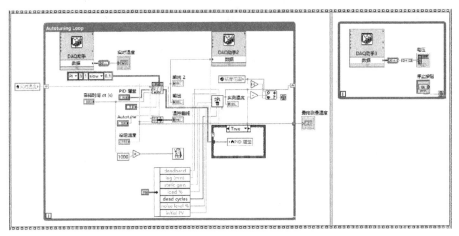

图 7-8　PID 温控程序框图

（5）电压采集模块

电压采集模块程序使用 while 循坏和真假结构，并加入布尔控件控制程序的工作。点击相应控件触发 DAQ 自动采集数据，当达到设定的采集次数后自动停止，随后输出电压值数组送入瞬时电压求值子程序。

由于初始电压是指在某一工作电流下 LED 刚通电时测得的正向电压，即瞬时电压，因此可以利用微分求极值点的方法在采集到的电压数组中寻找突变值。其程序框图如图 7-9 所示。

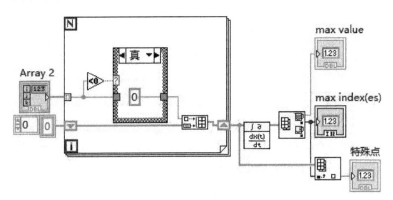

图 7-9　瞬时电压求值程序框图

（6）*K* 系数测量模块

K 系数测量模块程序设计主要采用 for 循环和顺序结构。首先进行初始温度、间隔温度、最终温度及精度范围等参数的设置，然后调用 PID 温控模块子程序实现温度控制，测量当前温度下 LED 两端的瞬时电压，对不同温度下采集到的电压数据进行分析、计算得到电压-温度系数。本设计采用 LabVIEW 自带的最小二乘拟合函数计算电压-温度系数。具体程序框图如图 7-10 所示。

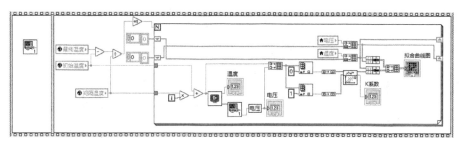

图 7-10　*K* 系数测量程序框图

（7）结温计算模块

本设计利用结温与正向工作电压的关系式编制结温计算模块程序。输入电压-温度系数，采集初始电压、实时电压和初始温度，软件便能自动计算得出结温值。其程序框图如图 7-11 所示。

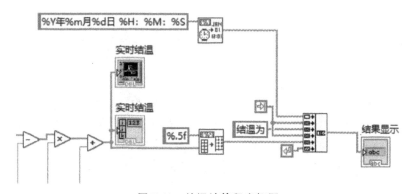

图 7-11　结温计算程序框图

（8）数据显示与保存

在主程序中，前面板主要显示初始结压、实时结压及对应的采集窗。使用 File I/O 选项卡中的函数，可以向磁盘文件写入数据以及从磁盘文件中读取数据。Open/Creat/Replace File 创建.txt 文件并设置路径,Write to txt File 将数据保存于指定路径,然后利用 Set File Position 设置数据保存方式,并从指针的下一行开始保存,防止之前的数据被覆盖,最后利用 Close File 关闭文件。

（9）前面板设计

图 7-12 和图 7-13 分别是 LED 结温测试系统程序中的电压–温度系数测量前面板和结温测量前面板。

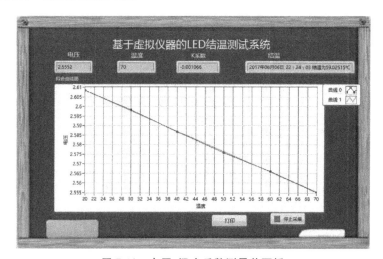

图 7-12　电压–温度系数测量前面板

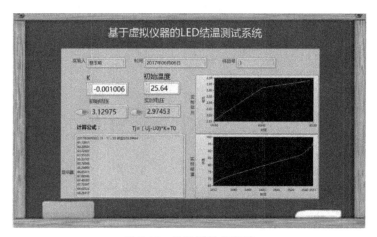

图 7-13　结温测量前面板

第 8 章

基于 LabVIEW 的虚拟示波器设计

8.1 引言

在工程测试中,数字示波器、滤波器、频谱分析仪等都是广泛使用的测量仪器。当前,这些仪器由于工艺复杂、技术要求高,因此价格昂贵。尤其是在实践教学中,可能只用到其部分功能,如果全部购置就会造成资源浪费。本设计充分利用虚拟仪器结构简单、灵活方便、功能丰富、价格低廉、一机多用、能重复开发、可用户自定义等优势,开发了基于 LabVIEW 的多功能虚拟数字示波器,并将其应用于实践教学,起到了良好的成效。

8.2 设计指标及总体方案

8.2.1 设计指标

虚拟示波器利用 NI 的 PCI-6014E 数据采集卡来实现外部信号的采集、调理。软件设计指标如下:

(1)设计合理的虚拟数字示波器面板。

(2)采集信号参数:频率为 20 MHz,电压值为 $-10\sim+10$ V,采样速率为 200 kS/s,分辨率为 12 bits,通道数为 2。

(3)波形显示模式:通道 A,通道 B,通道 A、B 同时显示,A＋B 模式或 A－B 模式。

(4)电压参数测量:12 个参数。

(5)时间/频率参数测量:7 个参数。

(6)数据显示方式:数据波形的放大、缩小,波形显示的颜色及背景。

（7）采集数据的存储：利用硬盘存储采集的信号数据，可供事后查询、分析。

（8）具有滤波、频谱分析功能。

8.2.2　总体方案

虚拟仪器一般由信号采集、信号处理和结果显示三个部分组成，其中信号采集部分由硬件实现，其他两部分由软件实现。本设计中的虚拟示波器主要由数据采集卡和相应的软件组成，将它们安装在一台运行 Windows NT 的 PC 机上，即可构成一个功能强大的可存储数字示波器。示波器的功能主要包括双通道信号输入、触发控制、通道控制、时基控制、波形显示、参数自动测量、频谱分析、波形存储等。概括地讲，虚拟示波器主要由软件来控制信号的采集、处理和显示，系统软件总体上包括数据采集、波形显示、参数测量、频谱分析及数据存储 5 大模块。其功能结构框图如图 8-1 所示。

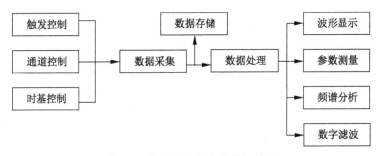

图 8-1　虚拟示波器功能结构框图

8.3　虚拟示波器程序设计

8.3.1　波形显示模块的功能与控件设计

波形显示模块是对虚拟示波器的波形进行显示，它包括 5 种显示模式：A 模式、B 模式、A&B 模式、A＋B 模式及 A－B 模式。波形显示模块可以完成波形的放大、频率的调整等的控制。

A、B、A&B 模式：通过显示通道选择按键"A"或"B"，可以选择显示某一通道或两通道输入信号的波形。

A＋B、A－B 模式：当两通道都处于选通状态时，使用此模式可显示两通道信号代数相加、相减后的波形。

波形显示模块主要使用的控件有 Waveform Graph（波形图）、Digital

Control(数字控制控件)和 Enum Constant(列表常量控件)等。

波形显示模块的前面板如图 8-2 所示,后面板程序框图如图 8-3 所示。将波形显示模块做成子 VI,它在主程序运行时即可被调用。

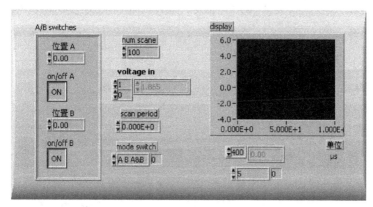

图 8-2　波形显示模块前面板

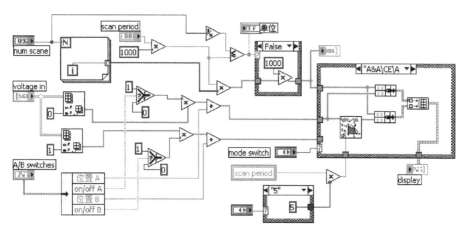

图 8-3　波形显示模块后面板程序框图

8.3.2　参数测量模块设计

(1)测量模块功能及功能节点

参数测量模块主要完成输入信号的测量和显示。测量的参数包括交流电压 AC、直流电压 DC、均方根电压 V_{rms}、采样频率 Freq、采样周期 Period、Duty Cy、＋Width、－Width、上升时间 RiseT、下降时间 FallT、平均电压 V_{avg}、电压峰峰值 V_{p-p}、最高电压 V_{max}、最低电压 V_{min}、差压 V_{amp}、峰值电压 V_{top}、基电压 V_{base}、超调电压 V_{ove}、V_{pre}。用到的节点有 AC&DC Estimator.vi

(交直流分量估计节点)、RMS.vi(均方根节点)、Mean.vi(平均值节点)、Pulse Parameters.vi(脉冲参数节点)。各功能节点图标及连接端口如图 8-4 所示。

(a) 交直流分量估计节点

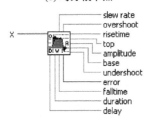

(b) 均方根节点

(c) 平均值节点

(d) 脉冲参数节点

图 8-4　参数测量模块各功能节点图标及连接端口

① 交直流分量估计节点:该节点对输入序列进行估计,分析出交流和直流成分。输入序列由图 8-4a 中的"Signal(V)"输入,直流电压由"DC estimate (V)"输出,交流电压由"AC estimate (Vrms)"输出。

② 均方根节点:该节点主要用于对输入序列的均方根进行计算。输入序列由图 8-4b 中的"X"输入,完成均方根的计算后由"rms value"端输出计算结果,由"error"端输出错误信息。

③ 平均值节点:它与均方根节点的使用方法类似,只不过它用来计算输入序列的平均值,这里不作详细介绍。

④ 脉冲参数节点:它可对输入的脉冲序列进行分析,并且判断描述该序列的各个参数。与波形相关的参数有回转率、超调、峰值、振幅、基数和负调。与时间相关的参数有上升时间、下降时间、持续时间和延迟时间。脉冲参数节点可以区别正脉冲和负脉冲,因此它在不需要预处理的情况下,能正确地对输入序列进行分析。

(2) 参数测量模块的前面板及程序框图

参数测量模块的前面板和程序框图如图 8-5 和图 8-6 所示。

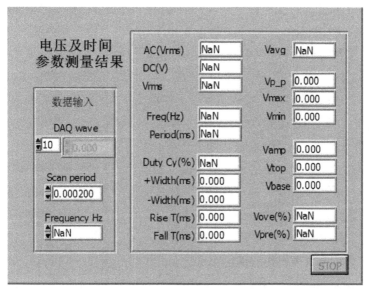

图 8-5　参数测量模块的前面板

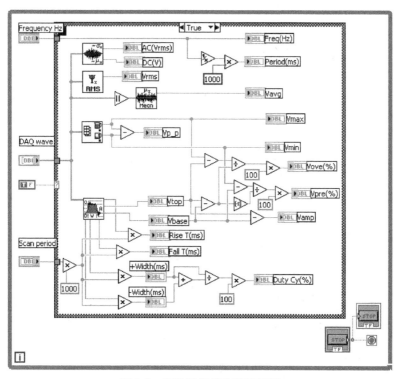

图 8-6　参数测量模块程序框图

8.3.3 频谱分析模块设计

（1）频谱分析模块功能及功能节点

要完成频谱分析功能，先要对输入数据进行时域至频域的信号变换，变换方法可以通过调用相应的数字信号处理模块（如功率谱生成模块），再通过相应的编程，即可实现信号的频谱分析。在调用 LabVIEW 中现成的模块时，要注意相关参数的设置，另外，还可以通过离散傅立叶变换公式调用 LabVIEW 的公式节点，完成频谱分析功能。

经变换后的数据已经是频域的数值，以频率为坐标横轴把这些数据显示出来即可得到输入信号的频域频谱图，如果加上局部数据的插值、抽取或乘以相应的系数即可实现频谱图的局部放大、缩小，可以对一定频率范围内的信息作详细的分析。

频谱分析模块主要用到的节点是 Auto Power Function.vi（自功率谱函数节点）、Power & Frequency Estimate.vi（功率和频谱估计节点）、Scaled Time Domain Window.vi（可变的时域窗节点）及 Spectrum Unit Conversion.vi（谱单元转换节点），它们都位于框图程序窗口的 Functions/Analyze/Analysis/Measurement 中。各节点图标及连接端口如图 8-7 所示。

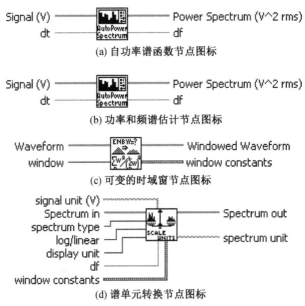

(a) 自功率谱函数节点图标

(b) 功率和频谱估计节点图标

(c) 可变的时域窗节点图标

(d) 谱单元转换节点图标

图 8-7 频谱分析模块各节点图标及连接端口

自功率谱函数节点:它可以计算出一个输入时域序列的单边功率谱。

功率和频谱估计节点:它主要计算功率谱中某一个峰值的功率和频谱估计值。

可变的时域窗节点:它能对一个输入时域信号序列进行加窗处理,输出信号窗函数,提供进一步的分析。

谱单元转换节点:该节点的主要功能是将功率谱、幅度谱或增益谱转换成其他形式。

(2) 频谱分析模块的前面板和程序框图

频谱分析模块的前面板和程序框图如图 8-8 和图 8-9 所示。

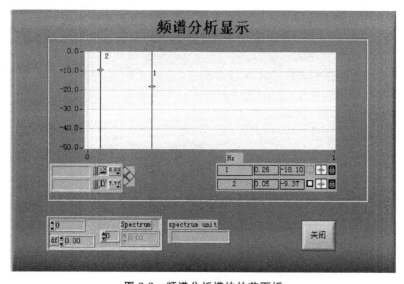

图 8-8　频谱分析模块的前面板

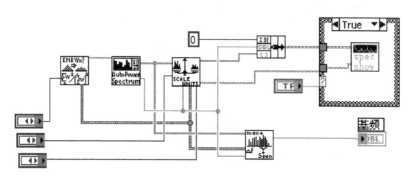

图 8-9　频谱分析模块程序框图

8.3.4 数据存储和回放模块设计

在示波器的虚拟面板上点击"保存"键进行数据存储；点击"读盘"键从数据文件中读取数据，并且在另一个窗口进行波形显示。从软盘或硬盘上读取的数据与实时采集的数据一样，能够根据需要进行频谱分析，由双功能逻辑驱动键"记忆选择"控制，缺省为"正常显示"。处于正常显示状态时，最多可以显示 A、B 两通道输入的两个信号波形；处于 A 状态时，可以记忆 A 通道的输入信号波形，点击"保存"键对 A 通道进行数据存储；处于 B 状态时，与处于 A 状态时的操作相同。

前面板提供了两个文件名输入框，前一个为信号波形数据文件名输入框，后一个为实际采样周期文件名输入框。这两个文件名输入框由写盘功能和读盘功能共用。从文件中传递过来的字符串数据需要转化成标准的路径格式。从软盘或硬盘上读取的数据与实时采集的数据一样，能够进行自动参数测量、自动显示波形并保留在显示窗（显示模式可以设置为三种模式中的任意一种），还可以根据需要进行频谱分析。数据存储和回放模块程序框图如图 8-10 所示。

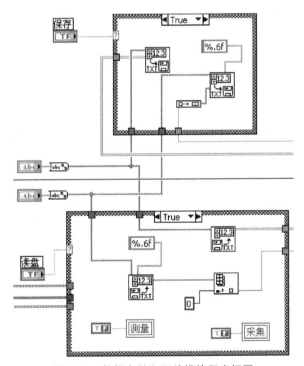

图 8-10　数据存储和回放模块程序框图

8.3.5　数字滤波模块设计

在 LabVIEW 中有各种数字滤波器子 VI,它们的主要功能是把输入序列通过一定的运算变成输出序列,同时起到滤波的作用。数字滤波器输入、输出的都是离散的时间信号,这些数字滤波器可以直接被调用而不用考虑其内部设计。本设计采用的方法如下:首先建立一个数字滤波模块,然后在主程序中直接调用滤波子程序,当点击"滤波"控键时,滤波显示屏幕将覆盖原来的示波器屏幕,并同时显示频率、幅度和相位值。

滤波器模块在设计时有五种函数可选择,包括 Butter Filter.vi(巴特沃思滤波器)、Chebyshev Filter.vi(切比雪夫滤波器)、Inverse Chebyshev Filter.vi(反切比雪夫滤波器)、Elliptic Filter.vi(椭圆滤波器)和 Bessel Filter.vi(贝塞尔滤波器);同时,它还包括四种功能选择,分别是低通、高通、带通、带阻。此外,还需要进行阶次和上下截止频率的设置等。

数字滤波模块的设计,除了可以用于实时的工程量测量,还可以应用于课堂教学。若输入仿真加噪信号,调用不同的滤波器或者改变其功能、截止频率等,就可得到不同的滤波效果,从而加深学生对滤波器作用等概念的理解,同时对学生亲自设计滤波器有很大的帮助。图 8-11 为数字滤波模块前面板,其中显示了某一加噪正弦信号通过巴特沃思低通滤波器滤波后的波形图。

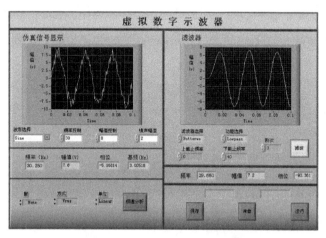

图 8-11　数字滤波模块前面板

8.4　程序总体设计与调试

8.4.1　数据采集卡的选择

本次设计中采用的数据采集卡都是 NI 公司提供的 PCI-6014E 卡。

(1) PCI－6014E 卡性能

DAQCard-6014E 为带 PCMCIA(PC卡)槽的电脑提供了低价位、高性能的 E 系列技术,可获得高达 200 kS/s、12 位分辨率的 16 路单端模拟输入。根据系统类型,PCI-6014E 读写硬盘的速度可达 200 kS/s,该板卡可提供数字触发、2 路 12 位模拟输出、2 个 24 位 20 MHz 计数器/定时器和 8 条数字 I/O 线。

其具体性能指标如下:16 路单端模拟输入;A/D、D/A 分辨率为 12 位;模拟输入、输出电压范围为－10～＋10 V;采用数字触发方式;2 路模拟输出通道;2 个计数器/定时器;最大信号源频率为 20 MHz。

(2) 数据采集卡的应用

当用 DAQ 卡测量模拟信号时,必须考虑以下几个方面的因素:输入模式、分辨率、区间、信号幅度极限、采样率等。

① 输入模式

输入模式分为以下几种:差分测量系统(Differential measurement system)、单个非基准点测量系统(Non-referenced single-ended measurement system)、单个基准点测量系统(Referenced single-ended measurement system)。

② 分辨率

它是模数转换使用的数字位数。分辨率越高,输入信号的细分程度就越高,能够识别的信号变化量就越小。PCI-6014E 的分辨率为 12 位。

③ 区间

区间指模数转换器(ADC)能够量化处理的最大、最小输入电压值。DAQCard 提供了可选择的输入范围,其中 PCI－6014E 数据采集卡的输入电压范围为－10～＋10 V。

④ 信号幅度极限

信号幅度极限是用户指明的输入模拟信号电压的最大值、最小值。

⑤ 采样率

它是 DAQ Card 采集模拟输入信号的速率,决定了模数转换发生的频率。

采样率越高,在一定时间内采样点就越多,对信号的数字表达就越精确。根据奈奎斯特采样定律,采样频率必须在信号最高频率的两倍以上,才能保证信号不失真。对于 PCI-6014E 卡,所接信号频率应不大于 200 kS/s。

8.4.2　数据采集模块设计

数据采集模块主要完成对数据采集的控制,包括触发控制、通道控制、时基控制等。触发控制包括触发模式、斜坡控制和触发电平控制;通道控制主要控制单通道或双通道测量;时基控制主要控制采集卡的扫描率、每一通道的扫描数(取样数)。

鉴于本设计中虚拟示波器需完成的功能,选用 Data Acquisition 子模板中的 AI Waveform Scan.vi 节点来控制 PCI-6014E 数据采集卡进行数据采集。在前面板上将所需完成的三大功能分成三个簇,在程序设计时参考 AI Waveform Scan.vi 节点的连接端口分别进行配置。数据采集节点的图标和连接端口如图 8-12 所示,数据采集模块前面板和程序框图如图 8-13 和图 8-14 所示。

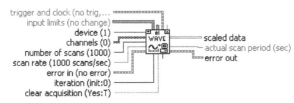

AI Waveform Scan.vi

Acquires the specified number of scans at the specified scan rate and returns all the data acquired. You can trigger the acquisition.

图 8-12　数据采集节点图标和连接端口

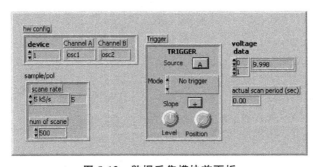

图 8-13　数据采集模块前面板

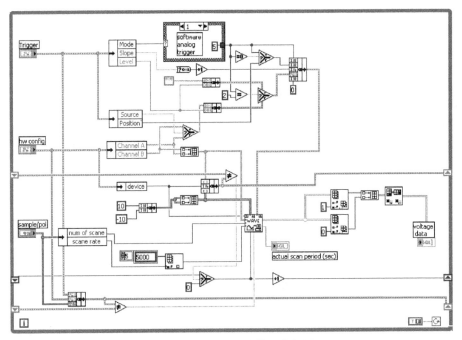

图 8-14　数据采集模块程序框图

8.4.3　虚拟示波器前面板设计

虚拟示波器的前面板利用 LabVIEW 提供的控件进行优化设计,实现良好的人机交互功能。用户可以通过键盘和鼠标对各种控件进行操作,如旋动按钮、打开开关、显示数据等,其操作类似于真实仪器的各种操作,甚至在某些方面更优于真实仪器。

前面板的控件选择好后,由主界面上的各个按钮对数据采集模块、波形显示模块、参数测量模块、滤波模块、频谱分析模块进行调用,实现相应的功能。

本设计中的虚拟示波器前面板如图 8-15 所示。

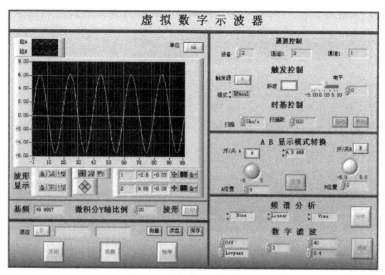

图 8-15　虚拟示波器前面板

由图可知,虚拟示波器和普通示波器一样,为了得到输入信号的波形,首先进行数据采集的设备和通道配置,通过"通道"按钮选择测量某一个通道的输入信号,然后选择数据采集时的触发控制各参数,在时基控制中调整扫描率和扫描数,点击"采集"按钮运行。此时仪器开始采集输入的信号,信号采集好以后,点击相应的控制键实现数据处理、A B 显示模式转换和频谱分析、数字滤波等功能。

8.4.4　使用说明及实验结果

程序设计完善并进行仿真实验后,利用 PCI - 6014E 数据采集卡采集信号发生器产生的频率为 50 Hz、幅值(V_{p-p})为 10 V 的正弦信号,再由虚拟示波器完成测量。下面就虚拟示波器的使用和实验结果做详细说明。

(1) 使用说明

① 波形显示

虚拟示波器前面板见图 8-15,其显示窗口下方的"波形显示"控制模板,不但可以快捷地调整控件外观,还可以在程序运行过程中实现波形的动态调整。面板上的具体操作工具如下:

"小锁":锁住时,X 轴的显示范围固定,在以后每次数据更新时,X 轴的显示范围不变;锁开时,X 轴自动把所有的波形数据都以波的形式显示出来。

X.XX:用于控制 X 轴格式、小数位数、刻度模式等。

Y.YY:用于控制 Y 轴格式、小数位数、刻度模式等。

"放大镜":左击,将看到六种缩放工具。

"⊕":呈现陷入状态时,可以用鼠标拖动标尺。

"手掌":左击,可以用鼠标拖动整个图形。

基频:基频显示口,显示选定通道信号的基本频率。

微积分 Y 轴比例:微积分 Y 轴比例系数,仅用于 A&A 积分和 A&A 微分显示模式。积分波形 Y 轴显示值除以比例系数即为实际结果,单位为伏特/秒;微分波形 Y 轴显示值乘以比例系数即为实际结果,单位为伏特/秒。

波形:按钮"打印"为单功能驱动键,控制是否打印波形显示窗口所显示的波形曲线。

关闭:单功能驱动键,点击此键将终止程序的运行。

采集:点击此键将执行数据采集功能。

暂停:点击此键,屏幕上出现一个对话框。点击"循环再暂停"键,程序继续运行,循环一周后,再次暂停在此对话框处;点击"取消暂停"键,退出对话框,等待 5 秒钟,继续执行其他功能而不再暂停,直至再次点击"暂停"键,操作者可以在等待的 5 秒钟内进行一些必要的操作。

② 数据处理

测量:单功能驱动键,用于决定是否进行参数测量,点击此键,程序自动对每次采集来的信号数据进行分析,并弹出测量结果显示面板,显示参数测量结果。

通道:测量通道选择键"0/1",双功能驱动键,用于决定测量哪一个通道输入的信号。

文件名输入框:共两个,左边一个为信号波形数据文件名输入框,右边一个为数据采集卡采集信号时实际采样周期的文件名输入框。这两个文件名输入框由写盘功能和读盘功能共用。在本设计虚拟示波器中,波动文件数据存储一个二维数组,采集周期存储一个单值。

保存:单功能驱动键,用于决定是否向硬盘或软盘存储数据。点击此键后放开,键会自动复位,同时向后发出一个驱动信号,执行保存功能,在下次循环中,保存功能处于等待状态。

读盘:单功能驱动键,用于决定是否从硬盘或软盘上读取存储数据,此键的机械性能同"保存"键。在同一循环中,读盘功能和数据采集功能中只能有一个处于工作状态。

③ 数据采集配置

设备:PCI-6014E 数据采集卡,设备编号为"1"。

通道:数据采集卡采用差动模式输入。

④ 触发控制

触发源:可选用 0 通道信号或 1 通道信号。

电平:调整波形的延迟时间。

模式:触发模式,分为无触发、软件模拟触发、硬件数字触发三种类型。

斜坡:"触发斜坡"分为上升斜坡和下降斜坡等类型,能控制高波形、低电平触发。

⑤ 时基控制

自动、手动:用于决定调整扫描的方式是自动还是手动。

扫描:用于手动调整扫描频率。

扫描数:用于控制每个通道采集数据的数量。

⑥ A B 显示模式转换

A:单功能驱动键,用于决定通道 A 的选通状态。

B:单功能驱动键,用于决定通道 B 的选通状态。

显示模式窗口:它提供了 5 种波形显示模式。

A 位置、B 位置输入口:用于确定 A、B 通道信号波形显示的竖直位置。

正常/记忆:双功能驱动键,处于"正常"状态时,最多可以显示 0、1 两个通道输入的两个波形信号;处于"记忆"状态时,最多可以记忆显示 A、B 两通道输入的 17 个波形信号。

⑦ 频谱分析

Window:提供了 8 种分析窗。

Log/Linear:提供了 3 种模式。

Display Unit:提供了 8 种单位。

⑧ 数字滤波

函数类型:提供了 5 种常用的滤波器。

功能选择:提供了 4 种功能。

（2）实验结果

① 波形显示

实测波形及其频率、幅值，以及各通道、扫描率、显示模式等，参见图8-15。

② 频谱分析

按下频谱分析模块的"分析"按钮，就会跳出频谱分析显示窗口。实验中频谱分析后的波形如图8-16所示。

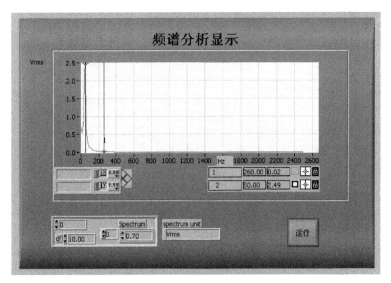

图 8-16　频谱分析结果显示

③ 参数测量

点击"测量"按钮，就会显示"电压及时间参数测量结果"的子程序窗口，如图8-17所示。

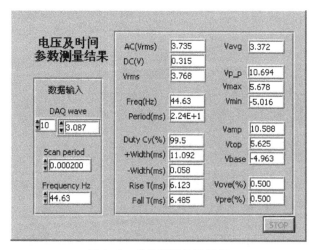

图 8-17　参数测量结果显示

④ 滤波

设置滤波参数,选择滤波方式,再点击"滤波"按钮,滤波后的显示窗口将立即覆盖采集波形的显示窗口。由于信号发生器产生的信号是标准正弦信号,因此滤波后的波形几乎与原波形一样,如图 8-18 所示。

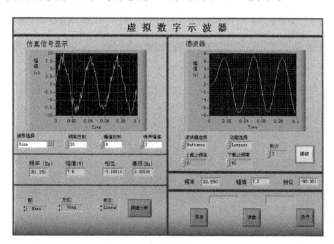

图 8-18　滤波仿真实验结果

第 9 章

虚拟仪器技术在工程技术人才专业能力培养中的应用

——以常州工学院测控技术与仪器专业为例

9.1 专业现状

自 1991 年起,常州工学院(以下简称"学校")开始举办"检测技术与应用""质量管理与认证"专科专业。2000 年学校升本后,在这两个专科专业的基础上开设"测控技术与仪器"本科专业(以下简称"本专业"),截至 2021 年 7 月份已连续培养 17 届累计 1725 名本科层次仪器类应用型工程技术人员。

本专业先后依托质量工程学院、电气与光电工程学院、光电工程学院办学。2011 年,专业建设成果"创新虚拟实验教学模式,培养自主学习能力"项目获得江苏省高等教育教学成果一等奖;2012 年获批江苏省"十二五"高等学校重点专业;2019 年获批江苏高校一流本科专业建设点;2021 年获批国家级一流本科专业建设点。

本专业以"产教融合,服务智能制造产业;应用为先,强化工程实践能力;工管结合,彰显质量管理特色"为指导思想,致力于培养能在仪器仪表等行业及相关领域从事自动检测系统开发、工程应用、运行维护和现代质量管理等工作的应用型工程技术人员。专业定位明确,服务面向清晰,符合学校发展定位和办学方向,契合地方经济社会发展需要。

本专业构建了以"信息获取与应用"为主线,以"自动检测、现代质量管理"为特色的核心课程体系和课内外协同的"阶梯式"实践育人体系。本专业建有江苏省实验教学示范中心和工程实践教育中心,专业实验室面积 3750 m²,仪器设备 863 台(套),资产总值约为 1650 万元。校企联合共建实验室 6 个、校外工程实践教育基地 12 个,满足了学生实习实训、毕业设计等教学活动的需要。

本专业教师数量、教师专业背景和教学能力满足人才培养需要,且结构合理。现有专职教师 20 人(含专职实践教学指导教师 3 人),其中正高级职称 3 人,副高级职称 8 人;所有教师都具有硕士及以上学位,其中获得博士学位的教师 13 人;90% 以上的教师具有工程背景。近 3 年来,学校聘请了 11 名行业企业专家担任兼职教师参与到学校人才培养中。

9.2　专业培养目标与毕业要求

9.2.1　培养目标

本专业以"产教融合,服务智能制造产业;应用为先,强化工程实践能力;工管结合,彰显质量管理特色"为指导思想,依据学校办学定位,紧紧围绕地方经济社会发展对仪器类应用型人才的需求,通过对用人单位和工作 5 年左右毕业生的跟踪调查,并结合专业在自动检测系统开发、企业生产过程质量控制与改进、质量体系审核与认证等方面的办学传统和优势,制定了符合学校定位和仪器类专业国家质量标准、适应地方社会经济发展需要的培养目标。本专业正在执行的培养目标如下:培养适应地方经济社会发展需要、德智体美劳全面发展的社会主义事业建设者和接班人,能在仪器仪表等行业及相关领域从事自动检测系统开发、工程应用、运行维护和现代质量管理等工作的应用型工程技术人员。经过自身的学习和行业锻炼,学生毕业 5 年左右,能够达到以下水平:

① 胜任岗位职责,结合工程需求提出系统性解决方案,具备设计开发、技术支持、系统集成、项目管理等工作能力和工程创新能力。(专业能力)

② 在工程实践中自觉遵守职业道德,熟悉行业规范和技术标准,并能够考虑法律、环境与可持续发展等因素的影响,具备良好的道德文化素养和社会责任感。(职业素养)

③ 能在工作团队中发挥骨干作用,具备良好的沟通能力和团队合作能力。(职业素养)

④ 适应职业发展,了解职业领域发展动态,具有国际视野,拥有自主学习和终身学习的意识。(职业发展能力)

培养目标界定了服务面向和人才定位,明确了毕业生的职业领域、岗位性质和岗位层次,描述了毕业生经过 5 年左右的行业锻炼预期能达到的职业成就和职业能力,即在岗位环境中应具备的专业能力、在社会环境中应表现出的职业素养及职业竞争力。专业教师、行业企业专家、用人单位和校友等通过多种方式参与培养目标的制订、评价和修订,并将培养目标通过明确的渠道对社会和学生等利益相关方公开。

关于本专业毕业生职业成就预期的解释说明见表 9-1。

表 9-1　关于毕业生职业成就预期的解释说明

层次	培养目标	内涵解读
毕业生工作 5 年左右职业成就描述	本专业培养适应地方经济社会发展需要、德智体美劳全面发展的社会主义事业建设者和接班人,能在仪器仪表等行业及相关领域从事自动检测系统开发、工程应用、运行维护和现代质量管理等工作的应用型工程技术人员	总体定位:适应地方经济社会发展需要、德智体美劳全面发展的社会主义事业建设者和接班人; 职业领域:仪器仪表等行业及相关领域; 岗位性质:从事自动检测系统开发、工程应用、运行维护和现代质量管理等工作; 岗位层次:应用型工程技术人员

关于本专业毕业生工作 5 年左右职业能力预期的解释说明如图 9-1 所示。

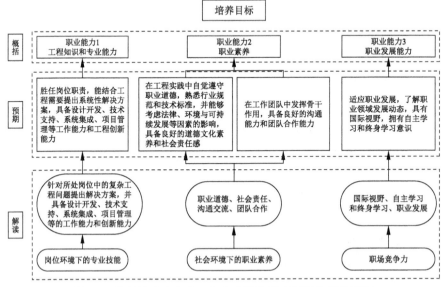

图 9-1　关于毕业生工作 5 年左右职业能力预期的解释说明

9.2.2　毕业要求

本专业遵循覆盖通用标准、支撑培养目标和可衡量的原则,提炼出专业能力要素,并以此为主线确定了 12 项毕业要求。通过对本专业典型工程案例的分析,确定涉及"复杂工程问题"的能力要素和"非技术因素",并落实到毕业要求中。同时,将 12 项毕业要求分解为 37 项二级观测点,以利于落实本专业毕业要求和衡量毕业要求的达成。专业毕业要求及其观测点通过明确固定的渠道向师生公开,并通过研讨、宣讲、解读等方式使师生知晓并具有相对一致的理解。

本专业 12 项毕业要求具体表述如下:

(1) 工程知识:能够将数学、自然科学、工程基础和专业知识应用于工程实践,并能解决自动检测和现代质量管理领域的复杂工程问题。

(2) 问题分析:能够应用数学、自然科学和工程科学的基本原理,识别、表达并通过文献研究分析自动检测和现代质量管理领域的复杂工程问题,以获得有效结论。

(3) 设计/开发解决方案:能够设计针对自动检测和现代质量管理领域复杂工程问题的解决方案,能够设计开发满足特定需求的自动检测系统(装置)、生产过程(产品)的质量控制和改进方案、质量管理体系等,并能够在设计环节中体现创新意识,考虑社会、健康、安全、法律、文化及环境因素的影响。

(4) 研究:能够基于科学原理并采用科学方法对自动检测和现代质量管理领域的复杂工程问题进行研究,包括设计实验、分析与解释数据,并通过信息综合得到合理有效的结论。

(5) 使用现代工具:能够针对自动检测和现代质量管理领域复杂工程问题,在元器件选型、模块设计、系统集成、质量数据采集与分析等环节,开发、选择与使用恰当的技术、仪器仪表、仿真系统与设计软件以及信息技术工具,包括对复杂工程问题的预测与模拟,并能够理解其局限性。

(6) 工程与社会:能够对自动检测和现代质量管理领域的工程背景知识进行合理分析,评价专业工程实践和复杂工程问题解决方案对社会、健康、安全、法律及文化的影响,并理解应承担的责任。

(7) 环境和可持续发展:能够理解和评价自动检测和现代质量管理领域复杂工程问题的工程实践对环境、社会可持续发展的影响。

(8) 职业规范:具有人文社会科学素养和社会责任感,能够在工程实践中

135

理解并遵守工程职业道德和规范,履行责任。

(9)个人与团队:具有多学科背景的团队沟通能力、组织协调能力;具有团队合作意识,能够在团队中发挥个体的核心作用和团队成员的协作支撑作用。

(10)沟通:能够就自动检测和现代质量管理领域复杂工程问题与业界同行及社会公众进行有效沟通和交流,包括设计文稿和撰写报告、陈述发言、清晰表达或回应指令,并具备一定的国际化视野,能够在跨文化背景下进行沟通和交流。

(11)项目管理:理解并掌握工程管理原理与经济决策方法,并能在多学科环境工程实践中应用。

(12)终身学习:具有自主学习和终身学习的意识,有不断学习和适应发展的能力。

本专业对培养目标预期职业能力按照能力特征进行解析,表现在工程知识和专业能力、职业素养、职业发展能力三个方面,并通过能力要素构建毕业要求对培养目标的支撑关系,具体如图9-2所示。

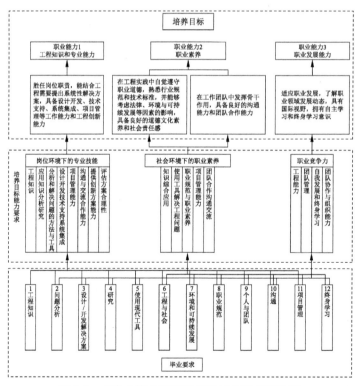

图9-2　本专业毕业要求对培养目标的支撑关系

本专业 12 项毕业要求可分解为 37 项二级观测点,具体的分解情况如表 9-2 所示。

表 9-2　毕业要求二级观测点分解情况

序号	毕业要求	观测点分解
1	工程知识:能够将数学、自然科学、工程科学和专业知识应用于工程实践,并能解决自动检测和现代质量管理领域的复杂工程问题	1-1:能够将数学、自然科学、工程科学的语言工具用于自动检测和现代质量管理领域工程问题的表述
		1-2:能够针对自动检测和现代质量管理领域中的机械或光学部件、电路、信号与系统等具体的对象建立数学模型并求解
		1-3:能够将电子技术、光学原理、信号与系统理论、误差理论、控制理论等相关知识和数学模型方法用于推演、分析自动检测和现代质量管理领域的复杂工程问题
		1-4:能够将专业知识和数学模型方法用于自动检测和现代质量管理领域的复杂工程问题解决方案的比较与综合
2	问题分析:能够应用数学、自然科学和工程科学的基本原理,识别、表达并通过文献研究分析自动检测和现代质量管理领域的复杂工程问题,以获得有效结论	2-1:能够运用数学、自然科学和工程科学的基本原理,识别和判断自动检测和现代质量管理领域复杂工程问题中的关键环节和参数
		2-2:能够运用科学原理和数学模型方法,正确表达自动检测和现代质量管理领域的复杂工程问题
		2-3:能够认识到解决自动检测和现代质量管理领域的问题有多种方案,会通过文献研究寻求可替代的解决方案
		2-4:能够针对自动检测和现代质量管理领域复杂工程问题的技术要求,运用工程科学的基本原理,借助文献研究,分析过程影响因素,获得初步解决方案,证实解决方案的合理性并能正确表达
3	设计/开发解决方案:能够设计针对自动检测和现代质量管理领域复杂工程问题的解决方案,能够设计开发满足特定需求的自动检测系统(装置)、生产过程(产品)的质量控制和改进方案、质量管理体系等,并能够在设计环节中体现创新意识,考虑社会、健康、安全、法律、文化及环境因素的影响	3-1:能够根据用户需求或任务要求确定设计目标,明确设计内容和设计观测点。能够考虑社会、健康、安全、法律、文化及环境等制约因素,分析和识别单元(部件)或子系统中的参数影响,提出满足设计目标的设计方案,并进行可行性分析
		3-2:能够针对特定需求,通过理论计算、建模、仿真等方法进行元器件参数选择、工艺需求分析和功能分析,完成单元(部件)或子系统的设计
		3-3:能够对单元(部件)或子系统进行系统集成,设计满足多种技术因素制约条件下的自动检测系统(装置)、生产过程(产品)的质量控制和改进方案、质量管理体系等
		3-4:能够在设计自动检测系统(装置)、生产过程(产品)的质量控制和改进方案、质量管理体系等的过程中体现创新意识,对已有方法做出评判、改进或创新

序号	毕业要求	观测点分解
4	研究：能够基于科学原理并采用科学方法对自动检测和现代质量管理领域的复杂工程问题进行研究，包括设计实验、分析与解释数据，并通过信息综合得到合理有效的结论	4-1：能够基于科学原理、采用科学方法、运用专业知识对自动检测和现代质量管理及其相关领域复杂工程问题的解决方案进行调研分析，并得出有效的结论
		4-2：能够针对自动检测系统（装置）开发、生产过程（产品）的质量控制和改进方案设计、质量管理体系建立等，选择研究线路，设计仿真或实验方案
		4-3：能够根据实验方案构建实验系统，安全地开展实验，正确采集和记录数据，并确认数据的可重复性
		4-4：能够对实验过程中的数据或现象进行分析和解释，并通过信息综合得到合理有效的结论，为自动检测和现代质量管理领域复杂工程问题的解决提供支撑
5	使用现代工具：能够针对自动检测和现代质量管理领域的复杂工程问题，在元器件选型、模块设计、系统集成、质量数据采集与分析等环节，开发、选择与使用恰当的技术、仪器仪表、仿真系统与设计软件以及信息技术工具，包括对复杂工程问题的预测与模拟，并能够理解其局限性	5-1：能够选择与使用专业常用的仪器仪表、仿真系统与设计软件以及信息技术工具，并理解其局限性
		5-2：能准确把握现代工程工具的特点，能够选择恰当的工具对自动检测和现代质量管理领域复杂工程问题进行元器件选型、模块设计、系统集成、质量数据采集与分析等
		5-3：能够运用适当的现代工程工具进行仿真实验，对自动检测和现代质量管理领域复杂工程问题进行模拟分析与预测，并能够理解其局限性
6	工程与社会：能够对自动检测和现代质量管理领域工程背景知识进行合理分析，评价专业工程实践和复杂工程问题解决方案对社会、健康、安全、法律及文化的影响，并理解应承担的责任	6-1：熟悉工程专业领域的相关技术标准、知识产权、产业政策和法律法规，理解不同社会文化对工程活动的影响
		6-2：能够根据自动检测和现代质量管理工程项目的实际应用场景，针对性地分析和评价专业工程实践对社会、健康、安全、法律、文化的影响，以及这些因素对工程项目实施的制约，并理解应承担的责任
7	环境和可持续发展：能够理解和评价自动检测和现代质量管理领域复杂工程问题的工程实践对环境、社会可持续发展的影响	7-1：理解环境保护和社会可持续发展的内涵和意义，熟悉环境保护的相关法律法规
		7-2：能够站在环境保护和可持续发展的角度思考自动检测和现代质量管理工程实践的可持续性，评价工程实践全过程可能对人类和环境造成的损害

续表

序号	毕业要求	观测点分解
8	职业规范:具有人文社会科学素养和社会责任感,能够在工程实践中理解并遵守工程职业道德和规范,履行责任	8-1:有正确的价值观,理解个人与社会的关系,了解中国国情
		8-2:理解诚实公正、诚信守则的工程职业道德和规范,并能在工程实践中自觉遵守
		8-3:理解工程师对公众的安全、健康和幸福的影响,以及对环境保护的社会责任,能够在工程实践中自觉履行责任
9	个人与团队:具有多学科背景的团队沟通能力、组织协调能力;具有团队合作意识,能够在团队中发挥个体的核心作用和团队成员的协作支撑作用	9-1:能够与其他学科的成员进行有效沟通,合作共事
		9-2:能够在团队中独立或合作开展工作
		9-3:能够组织、协调和指挥团队开展工作
10	沟通:能够就自动检测和现代质量管理领域的复杂工程问题与业界同行及社会公众进行有效沟通和交流,包括设计文稿和撰写报告、陈述发言、清晰表达或回应指令,并具备一定的国际化视野,能够在跨文化背景下进行沟通和交流	10-1:能够就自动检测和现代质量管理领域的复杂工程问题与业界同行及社会公众进行有效沟通和交流,包括设计文稿和撰写报告、陈述发言等方式,准确表达自己的观点,回应质疑,理解与业界同行及社会公众交流的差异性
		10-2:了解自动检测和现代质量管理领域的国际发展趋势、研究热点,理解和尊重世界不同文化的差异性和多样性
		10-3:具有一定的国际化视野,具备跨文化交流的语言和书面表达能力,能就专业问题在跨文化背景下进行基本沟通和交流
11	项目管理:理解并掌握工程管理原理与经济决策方法,并能在多学科环境的工程实践中应用	11-1:理解工程实践尤其是自动检测和现代质量管理领域的复杂工程问题中工程管理与经济决策的重要性,掌握工程管理原理与经济决策方法
		11-2:了解自动检测和现代质量管理工程及产品全周期、全流程的成本构成,理解其中涉及的工程管理与经济决策问题
		11-3:能够在多学科环境下(包括模拟环境),将工程管理原理和经济决策方法应用于自动检测和现代质量管理领域的复杂工程问题的研究、设计、开发与实施的过程中
12	终身学习:具有自主学习和终身学习的意识,有不断学习和适应发展的能力	12-1:能认识不断探索和学习的必要性,具有自主学习和终身学习的意识
		12-2:具有自主学习的能力,包括对技术问题的理解能力、归纳总结能力和提出其他问题的能力等

本专业以能力要素为主线，设计了专业毕业要求能力要素点，厘清了解决专业复杂工程问题的能力要素和涉及的非技术因素与通用标准毕业要求内涵之间的关系。具体设计思想如图 9-3 所示。

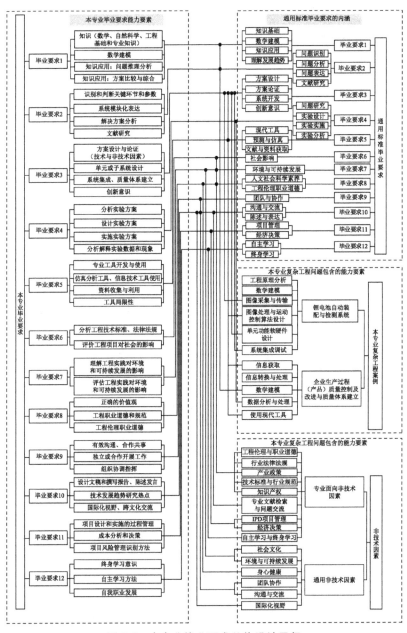

图 9-3　本专业毕业要求总体设计思想

9.3　专业课程体系

9.3.1　课程体系设计的指导思想

本专业课程设置支持学生掌握信息获取、处理和利用的基本知识,能围绕准确获取信息、深入运用基本原理来分析、设计、构建自动检测系统和现代质量管理体系,培养学生的系统思维、技术分析、性能评价和系统开发能力。各类课程模块的学分比例符合工程教育专业认证通用标准和仪器类专业补充标准的要求,"复杂工程问题"和"非技术因素"的能力要素能够落实到相关教学环节中。

本专业以"产教融合,服务智能制造产业;应用为先,强化工程实践能力;工管结合,彰显质量管理特色"为指导思想进行课程体系设计。具体原则主要有以下三个方面:一是落实立德树人根本任务,通过"三全育人"实现"五育并举";二是基于产出导向进行反向设计,围绕培养目标和毕业要求,从科学、工程、技术、应用 4 个维度厘定专业核心知识和能力结构,以培养学生解决复杂工程问题的能力为主线配置相应的课程;三是强化"产教融合""校企联合"特色,以组织、平台、项目、活动为载体,通过集聚资源实现与行业企业的协同育人,校企共同制定培养方案、开设合作课程、优化教学内容、实施教学评价,体现专业特质和特色。

本专业课程体系按照课程属性划分为知识、实践和素养 3 类,共 15 个模块,如图 9-4 所示。不同课程模块所包含的能力要素与毕业要求能力要素之间的对应关系如图 9-5 所示。

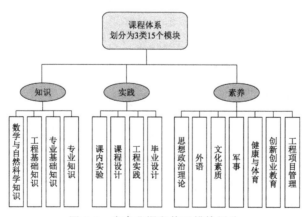

图 9-4　本专业课程体系模块划分

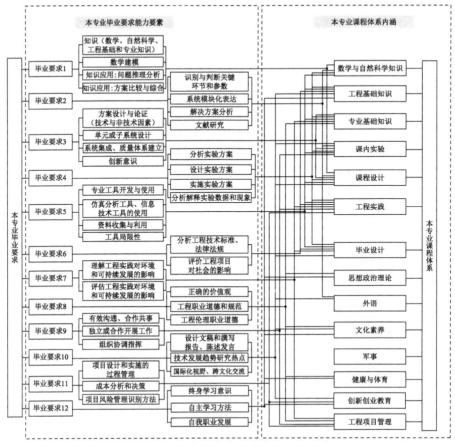

图 9-5　课程模块与毕业要求的对应关系

9.3.2　课程体系中专业特质和特色的体现

本专业紧紧围绕学校"应用型""地方性"办学定位,通过人才供给和技术转移,服务地方产业升级,在自动检测系统开发、企业生产过程质量控制与改进、质量体系审核与认证等方面形成比较优势和专业特色。

本专业以测控系统的信息流为主线设置各类课程,支持学生掌握信息获取、处理和利用的基本知识,包括传感器及其应用、测量理论与测试技术、自动检测系统与现代质量管理等领域的核心概念、基本原理、基本技术和基本方法;能围绕准确获取信息、深入运用基本原理来分析、设计、构建部件(元件)、测控系统及现代质量管理体系,培养学生系统思维、技术分析、性能评价和系统开发的能力。新课程体系解决了以被测对象和仪器分类设置课程所导致的课程关联度小、知识缺乏系统性等问题,很好地适应了信息时代发展和地方产业需求,提高了人才培养与社会需求之间的契合度。

同时,本专业以"学以致用"为着眼点,构建了"四化四层次"的实践教学体系。该实践教学体系横向按照教学组织形式构建划分,包括实验实训实习、课程设计、毕业设计、技能培训、学科竞赛等,体现了"模块化""多样化";将专业能力的培养贯穿于实践教学全过程,体现"全程化";依托校企联合实验室、专业社团和工作室,实施项目化运作,坚持选题实际、过程实际、结果实际,使学生受到系统的工程训练,体现"工程化",确保学生了解仪器设计、生产过程、生产组织方式和管理流程。

此外,结合本专业复杂工程问题的案例"锂电池自动装配与检测系统设计"和"企业生产过程(产品)质量控制及改进与质量管理体系建立",开设了"自动检测技术""质量控制技术""现代质量管理"等特色课程和智能检测类选修课,并在质量管理课程设计、专业综合设计与实践、毕业设计等实践环节进一步加以实施。专业特质和特色在课程体系(专业课)中的体现见表 9-3。

表 9-3　专业特质和特色在课程体系(专业课)中的体现

专业特质和特色		课程体系		
		必修课程	选修课程	实践环节
大类学科基础(光、机、电、算)		工程光学、工程制图、精密仪器仪表机构设计、电工基础、电子技术、计算机语言(C)		工程光学课内实验、工程制图课内实践、精密仪器仪表机构设计课程设计、电工基础课内实验、电子技术课程设计、计算机语言(C)课内实践
测量理论与测试技术	信息获取	传感器原理与应用、互换性与精密测量技术		传感器原理与应用课内实验、互换性与精密测量技术课内实验
	信息处理	信号与系统、单片机原理与应用、误差理论与数据处理	嵌入式系统类选修课	信号与系统课内实验、单片机原理与应用课内实验、单片机原理与应用课程设计
控制基础理论与控制技术		控制工程基础、计算机控制技术		控制工程基础课内实验、计算机控制技术课内实验及课程设计

专业特质和特色	课程体系		
	必修课程	选修课程	实践环节
自动检测系统设计与开发	虚拟仪器应用及项目开发、自动检测技术	智能检测类选修课	虚拟仪器应用及项目开发课内实践、自动检测技术课内实验、专业综合设计与实践
质量控制与改进、质量管理体系建立	质量控制技术、现代质量管理		质量管理课程设计
工程应用			工程认知实习、电子工艺实习、专业综合设计与实践、毕业设计、大学生创新创业实践等
工程项目管理	工程伦理与项目管理		

9.3.3 专业类课程设置

（1）专业理论课程

工程基础类课程、专业基础类课程和专业类课程在本专业课程体系中占有重要的地位，是培养学生解决复杂工程问题能力的知识基础，包含解决复杂工程问题所需的基础理论知识和专业知识。具体课程设置与知识层次如图 9-6 所示。

本专业为培养学生解决自动检测和现代质量管理领域复杂工程问题的能力，梳理出"锂电池自动装配与检测系统设计"和"企业生产过程（产品）质量控制及改进与质量管理体系建立"两类具有专业特质和特色的工程案例，并围绕案例分别设置了工程光学、传感器原理与应用、虚拟仪器应用及项目开发、自动检测技术、智能检测类选修课和工程制图、互换性与精密测量技术、误差理论与数据处理、质量控制技术、现代质量管理两条课程链及相应的实践环节，重点培养学生自动检测系统的设计开发、集成应用和企业生产过程（产品）质量控制及改进与质量管理体系建立的能力。

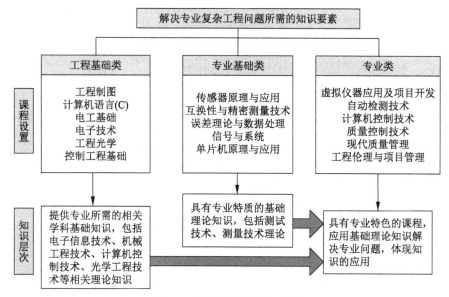

图 9-6　课程设置与知识层次

（2）专业实践教学环节

本专业以"学以致用"为着眼点,充分利用校内外实践教学资源,根据企业生产、服务的技术和流程,构建了"四化四层次"的实践教学体系,包括实践知识体系、专业能力体系和实验实训实习环境,如图 9-7 所示。实践教学体系横向按照教学组织形式构建来划分,包括认知实习、课内实验、综合实验、实训实习、课程设计、毕业设计、技能培训、创新训练、学科竞赛等,体现了"模块化""多样化";将专业能力的培养贯穿于实验、毕业设计、技能培训等教学活动全过程,体现"全程化";依托校企联合实验室、专业社团和工作室,实施项目化运作,坚持选题实际、过程实际、结果实际,使学生受到系统的工程训练,体现"工程化"。实践教学环节主要分为理论基础模块、技术应用模块、工程实践模块和创新训练模块。前两个模块强调基础知识的应用;工程实践模块在培养学生工程应用实践能力的同时,注重非技术能力的培养,包括现代工具的应用、工程意识、职业规范等;创新训练模块旨在培养学生的创新创业意识和工程创新能力。本专业实践教学环节的具体模块设置、能力培养和实践内容如图 9-8 所示,各模块之间互有交叉,又各有侧重,尤其是在工程实践模块中包含了多样化的能力要素。

145

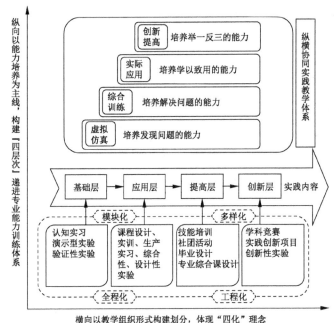

图 9-7 "四化四层次"的实践教学体系

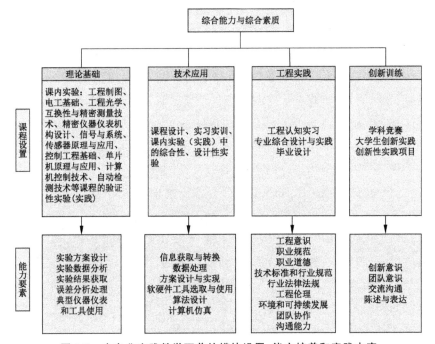

图 9-8 本专业实践教学环节的模块设置、能力培养和实践内容

9.4　虚拟仪器技术在专业复杂工程问题中的应用

9.4.1　专业复杂工程问题和非技术因素的提出

本专业主要服务于仪器仪表等行业及相关领域,毕业生能够从事自动检测系统开发、工程应用、运行维护和现代质量管理等工作,其人才定位为应用型工程技术人员。本专业就专业复杂工程问题和非技术因素对用人单位、校友、合作企业和同行专家进行广泛调研,通过对调研结果分析、综合与凝练,提出专业复杂工程问题和非技术因素的能力要素,并将能力要素落实到具体教学环节。专业复杂工程问题及非技术因素的具体落实工作流程如图 9-9 所示。

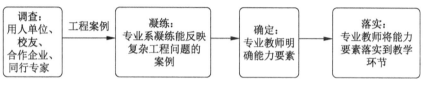

图 9-9　具体落实工作流程

本专业结合专业特色、企业工程案例和调研反馈结果等进行充分论证,并详细分解典型复杂工程问题案例,梳理出"锂电池自动装配与检测系统设计"和"企业生产过程(产品)质量控制及改进与质量体系建立"两类具有专业特质和特色的典型复杂工程问题,并在此基础上提炼出"专业复杂工程问题"的主要特征、能力要素和非技术因素(见图 9-3)。

本专业对学生"解决复杂工程问题"能力的培养通过课程体系来实现。它以项目案例提炼的能力要素和非技术因素为主线,通过相应的核心课程与教学活动逐层递进,训练学生的工程原理分析与建模能力、软硬件设计/开发能力、系统集成调试能力,并通过前期阶梯化的孕育与孵化,最终在专业综合设计课程中集中体现学生解决复杂工程问题的能力,并在毕业设计中加以运用。"专业复杂工程问题"和"非技术因素"的整体设计思想体现在专业毕业要求的总体设计思想中。专业毕业要求的能力要素包含"复杂工程问题"和"非技术因素"中的能力要素,有效地保证了这些能力要素的落实。

9.4.2 锂电池自动装配与检测系统设计

（1）专业复杂工程问题案例确立的依据

"锂电池自动装配与检测系统设计"（以下简称"案例1"）具备工程认证标准对"复杂工程问题"的界定，可作为专业典型复杂工程问题的案例，其具体特征如表9-4所示。

表 9-4 案例 1 具备的"复杂工程问题"特征

序号	"复杂工程问题"应具备的特征	案例 1 体现出来的特征
1	必须运用深入的工程原理经过分析才可能得到解决	对工业零件机器视觉检测原理有深入的理解，运用信息融合理论解决组装定位信息判别问题，运用控制理论解决机械手和传送带控制问题
2	涉及多方面工程技术和其他因素，并且相互之间可能有一定冲突	涉及多方面工程技术：图像采集、传输、识别与处理，机械手姿态控制技术，产品几何量检测与质量判别，检测系统集成等；冲突方面：相机组协同与系统可靠性、几何量检测算法与响应速度、机械手控制算法精度与响应速度
3	需要通过建立合适的抽象模型才能解决，在建模过程中需要体现出创造性	需要建立锂电池块的合格性综合评价模型和锂电池块位置和姿态识别模型，建模过程中需要将锂电池块图像识别算法融入几何量误差判别、姿态识别等过程，将图像检测与定位控制、质量判定的建模有机结合
4	仅靠常用方法不能完全解决	锂电池块的姿态与位置判定，需要更为精准的识别算法；抓取机械手、传送装置、工件、相机组、打标机的协同，需要更可靠的控制算法；产品的合格判定标准受外观缺陷、几何量误差等多种因素影响，因此需要更为科学的评价标准
5	问题中涉及的因素可能没有完全包含在专业工程实践的标准和规范中	需完善专业工程实践以外的标准和规范、功能需求与生产成本、电池材质设计与环境等
6	问题相关各方利益不完全一致	涉及锂电池工艺设计部、生产部、质量部、检测部
7	具有较高的综合性，包含多个相互关联的子问题	硬件开发、基于 LabVIEW 的上位机虚拟测控系统软件开发（图像采集、传输与检测算法，目标物位置和姿态识别算法，几何量误差评价方法，机械手控制问题等）

（2）案例 1 涉及的技术问题

锂电池自动装配与检测系统主要包括机械手、相机组、镜头、光源、流水线、视觉控制器、激光雕刻机、机架、上位机软件系统等部分。各组成部件涉及的技术问题如表 9-5 所示。

表 9-5　案例 1 各组成部件涉及的技术问题

序号	组成部件	涉及的技术问题
1	机械手	物料抓取算法设计、机械手与相机坐标系的关联模型建立、通信配置
2	相机、镜头、光源、光源控制器	硬件选型与搭建、数据传输
3	流水线	传送速度测量与控制、位置编码器数据输出
4	视觉控制器	图像采集触发控制、相机组协同工作控制
5	上位机软件测试系统（基于 LabVIEW 开发的虚拟测试系统）	系统自动标定、产品位置及姿态坐标计算、缺陷检测与分类、颜色识别、尺寸大小、位置度测量、轮廓度测量、产品信息二维码 OCR 识别与跟踪、产品检测结果统计分析与数据存储
6	控制系统（基于 LabVIEW 开发的虚拟测控系统）	电气系统接口、机构动作执行和显示、通信
7	动力系统（电机）	安装与调试、动力可靠性测试
8	机架	结构设计满足功能需求、符合强度要求

（3）案例 1 能力要素分解

案例 1 能力要素分解及其与专业课程的对应关系如图 9-10 所示。

图 9-10　案例 1 能力要素分解及其与专业课程的对应关系

9.4.3　企业生产过程(产品)质量控制及改进与质量管理体系建立

(1) 专业复杂工程问题案例确立的依据

"企业生产过程(产品)质量控制及改进与质量管理体系建立"(以下简称"案例2")具备工程认证通用标准对"复杂工程问题"的界定,可作为专业典型复杂工程问题的案例,其具体特征如表9-6所示。

表 9-6　案例 2 具备的"复杂工程问题"特征

序号	"复杂工程问题"应具备的特征	案例 2 体现出来的特征
1	必须运用深入的工程原理经过分析才可能得到解决	运用自动检测技术获取企业生产过程(产品)(以机电制造业产品为主)的质量特性数据,将产品结构、生产工艺、制造过程与质量控制技术融合用于解决产品生产现场问题,运用质量控制技术解决现场质量改进问题,运用质量管理原理建立企业质量管理体系
2	涉及多方面工程技术和其他因素,并且相互之间可能有一定冲突	涉及多方面技术融合:自动检测技术、生产工艺分析、互换性与精密测量技术、误差理论与数据处理、虚拟仪器技术、质量控制技术、质量经济性分析等 冲突方面:产品设计与生产过程控制、公差要求与过程能力指数、客户质量要求与生产现场状况、产品可靠性与质量成本等
3	需要通过建立合适的抽象模型才能解决,在建模过程中需要体现出创造性	需要建立生产过程优化模型并进行试验设计,同时在建模过程中考虑客户需求和质量成本等
4	仅靠常用方法不能完全解决	为保证生产的高效、高质,需要进行流程再造等产线变革;为满足客户需求,需要进行实验设计;为持续改进,需要建立完整的质量体系等
5	问题中涉及的因素可能没有完全包含在专业工程实践的标准和规范中	市场和客户需求分析、企业现有资源的优化、质量改进方案的确定和体系的建立等
6	问题相关各方利益不完全一致	供应商、顾客、生产部门和质量部门等
7	具有较高的综合性,包含多个相互关联的子问题	测试仪器仪表的选择与校准、数据采集、可靠性设计、质量冗余与不足优化、质量经济性分析

(2)案例 2 涉及的技术问题

企业生产过程(产品)质量控制及改进与质量管理体系建立的流程主要包括产品检测、数据分析与处理、质量策划、质量实施、质量检查、质量处置、质量过程能力评价和质量体系建立。案例 2 各流程涉及的技术问题如表 9-7 所示。

151

表 9-7　　案例 2 涉及的技术问题

序号	设计流程	涉及的技术问题
1	产品检测	5M1E 分析、检测仪器校准、数据采集
2	基于 LabVIEW 的数据分析与处理软件开发	测量系统 R&R 分析、统计技术运用
3	质量策划	质量改进、课题选择、课题现状分析、产生问题原因分析、主要原因确认
4	质量实施	设计具体的改进方案和计划布局、执行前的人员培训、实施过程的持续反馈
5	质量检查	前后各项指标对比分析、改善效果沟通和控制
6	质量处置	有成效、措施标准化、遗留问题总结并转入下个 PDCA 循环
7	质量过程能力评价	判断过程能力是否充足、分析冗余原因并考虑能否放宽、分析不足原因并进行过程分析
8	质量体系建立	将成功经验纳入质量体系、培训相关人员并实施

（3）案例 2 能力要素分解

案例 2 能力要素分解及与专业课程的对应关系如图 9-11 所示。

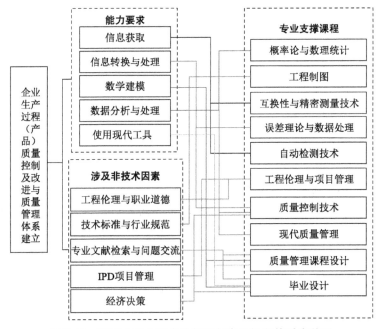

图 9-11　案例 2 能力要素分解及与专业课程的对应关系

9.5　"虚拟仪器应用及项目开发"课程建设的探索与实践

9.5.1　课程目标

"虚拟仪器应用及项目开发"课程是学校测控技术与仪器专业的一门核心课程,面向大学三年级学生开设,40 学时(其中讲授 20 学时,课内实践 20 学时),2.5 学分。

课程教学坚持以立德树人为根本,以学生发展为中心,围绕应用型工程技术人员的培养目标及课程所支撑的专业毕业要求观测点,从知识、能力、素质三方面提出具体的课程目标。

目标 1:能够对虚拟仪器、数据采集及信号处理等相关专业术语进行准确描述,能结合具体的测量对象、环境、人员等因素,依据虚拟仪器的工作原理,构建虚拟仪器体系结构,进而设计能解决实际问题的自动检测系统方案。(支撑表 9-2 中毕业要求 2-4:能够针对自动检测和现代质量管理领域复杂工程问题的技术要求,运用工程科学的基本原理,借助文献研究,分析过程影响因素,获得初步解决方案,证实解决方案的合理性并能正确表达。)

目标 2:能够对 LabVIEW 的数据类型、编程结构、图形图表、仪器通信等专业术语进行准确描述,准确解释数据流驱动原则的内涵与本质;能够根据任务要求,在充分考虑安全、法律法规和行业标准的基础上,在比较元件参数及性价比等多种因素的基础上,确定设计方案;能够在 LabVIEW 环境下,利用基本数据类型、图形图表、字符串等函数进行操作,对所设计方案进行软件开发,获得自动检测和现代质量管理问题的仿真分析。(支撑表 9-2 中毕业要求 3-1:能够根据用户需求或任务要求确定设计目标,明确设计内容和设计观测点;能够考虑社会、健康、安全、法律、文化及环境等制约因素,分析和识别单元(部件)或子系统中的参数影响,提出满足设计目标的设计方案,并进行可行性分析。)

目标 3:能够遵循虚拟仪器的设计原则和设计步骤,选择适合的元器件和硬件装置,建立硬件系统,并进行软件系统开发、系统集成、精度分析,从而获得精密测量、自动检测系统、企业生产过程(产品)质量控制与改进等复杂工程问题的解决支撑。(支撑表 9-2 中毕业要求 5-2:能准确把握现代工程工具的特点,能够选择恰当的工具对自动检测和现代质量管理领域复杂工程问题进行元器件选型、模块设计、系统集成、质量数据采集与分析等。)

目标 4：能够结合项目开发实例，针对自动检测不同应用场景，辨别工程项目风险的来源，得出工程风险的伦理评估，并对工程师伦理责任的内涵进行分析，获得对社会、公众及环境伦理的整体性认识，建立正确价值观和伦理原则，进而获得面临工程伦理问题时的基本解决思路。（支撑表 9-2 中毕业要求 6-2：能根据自动检测和现代质量管理工程项目的实际应用场景，针对性地分析和评价专业工程实践对社会、健康、安全、法律、文化的影响，以及这些因素对工程项目实施的制约，并理解应承担的责任。）

目标 5：通过课内实践和课外虚拟仪器社团参与项目等环节的训练，培养学生严谨的科学作风和实事求是的工作态度。通过虚拟仪器技术在珠穆朗玛峰高度的测量、火箭导弹卫星发射及监控、深海探测等国家重大战略项目中的应用等内容的教学，培养学生的专业自信和爱国主义情怀。通过虚拟仪器技术在智能制造、人脸识别、自动驾驶等领域应用的案例教学，激发学生的专业兴趣和实业报国热情。（课程思政育人目标）

9.5.2　课程建设及应用情况

（1）课程的发展历程

本课程的发展历程分为 3 个阶段：起步阶段（2000—2008 年），确定教学内容、优选课程教材、形成核心团队、开发多媒体课件等；改革阶段（2009—2015 年），优化课程内容、开发虚拟实验和网络教学平台、完善实践性环节、开发各类虚拟仪器应用案例；提高阶段（2016 年至今），按照工程教育专业认证的要求，形成面向产出的课程评价机制，聚焦学生的学习成果，突出创新能力和工程实践能力的培养。

（2）解决的重点问题

① 重构课程体系。本课程教学体系按照基本原理、实际应用、实践指导、自主测试的递进模式进行重构，以信息获取、转换、处理为主线，从测控系统集成角度讲述虚拟仪器技术的原理、结构、程序设计及应用，体系完整、结构合理、层次清晰。

② 完善教学内容。本课程实践教学部分增加了自主开发的虚拟测试系统设计案例的教学内容，以及虚拟仪器技术在国家重大战略项目、工业生产、实际生活中的应用案例的讲授，避免了理论和实践的脱节。

③ 强化实践训练。本课程设置课内实践教学环节，实现分层次、递进式工程训练，通过"虚拟仿真、综合训练、实际应用、创新提高"四个渐进过程，培

养学生的工程实践能力。

④ 改进教学评价。建立面向产出的课程目标达成评价机制,围绕课程目标设计多样化、全过程的学业考核评价方式,并注重能力考核。

（3）课程教学内容

本课程的理论教学内容主要包括:虚拟仪器技术概述;LabVIEW 的开发环境;LabVIEW 开发入门、数组、簇与图形显示;结构控制;文件的 I/O 管理;数据采集方案;信号产生与信号处理;网络功能与通信;工程伦理与虚拟仪器项目开发;等等。

课内实践教学内容主要包括:LabVIEW 编程环境与基本操作、基于 NI ELVIS 的创新实验(虚拟元件参数测试仪、虚拟数字温度计、数字线的设置和读取工具、十字路口交通灯自动控制系统、自由空间模拟信号光通信链路、射频无线通信器、直流电机转速计等的设计性实验)、虚拟测试系统的开发项目(位移测量及静态特性分析系统、振动参数测试及特性分析系统、多路测温系统、智能探测小车、四旋翼飞行器控制系统、LED 结温测试系统)。

（4）课程教学设计

本课程教学设计突出以下几个方面:

一是反向教学设计。本课程遵循 OBE 理念,依据专业培养目标和毕业要求,发挥课程目标的导向功能,以课程评价改革引领学生学习变革,以学习变革倒逼教学改革,从而实现"以教为中心"向"以学为中心"的转变。

二是构造完整的教学过程。课前,让学生进行线上自主学习,利用动画演示、虚拟仿真实验等资源激发学习兴趣,培养自学能力。课中,教师采用"三步走"互动教学方法,带领学生用眼、用耳、用手,且更多地用脑,一起"走进"授课内容。课后,学生进行自主复习、自主训练,巩固提高所学知识。

三是突出工程实践能力的培养。围绕"专业复杂工程问题"案例,设置课内实践和课外项目开发的教学环节,学生根据给定任务自主设计实验方案,搭建个性化的虚拟测控系统进行实验。通过"虚拟仿真、综合训练、实际应用、创新提高"四个渐进过程实现分层次、递进式训练,培养学生发现问题、解决问题、学以致用、举一反三的能力。

四是构建面向产出的课程目标达成评价机制,采用多样化、全过程的学业考核评价方式。课程总评成绩的构成如下:项目开发技术报告成绩占25%、阶段测验成绩占 10%、课内实践成绩占 35%、期末考试成绩占 30%。

同时,明确每个课程目标与考核环节的关系,确定考核内容、试题形式及评价标准,采用定量评价(考核成绩计算法)和定性评价(问卷调查法)分别计算每个学生的每条课程目标达成评价值,并提出课程持续改进意见。

(5)课程教学方法

本课程以线下教学为主,网络自学为辅。课堂教学中采用重点难点"带着学"、实际应用"看着学"、拓展内容"自己学"的互动教学方法。具体如下:

① 探究式教学法。教师将 Flash 动画演示、基于 Java 的仿真软件、基于 LabVIEW 的虚拟实验有机结合,对重点、难点内容进行探究和渐进式讲授,使学生对知识点的学习实现由定性了解到定量掌握的升华。

② 案例式教学法。在讲述工程实际应用时,采用案例式教学法,通过播放图片、动画、视频等,增强学生对知识的感性认识。

③ 翻转课堂教学法。对于课程的拓展内容,采用翻转课堂教学法。教师首先布置课堂相关内容的任务,由学生课前利用网络资源自主学习,撰写学习报告,从而进行课堂交流与研讨,锻炼学生沟通交流的能力。

④ 小组合作学习法。在课内实验和项目开发环节采用小组合作学习方法,学生根据教学要求,自主组成学习小组完成各项任务。学习小组实施动态化管理,即过程管理动态化、队伍构成动态化。从招募成员、分工安排、制订计划、设计方案到项目实施,整个过程都由学生自主完成,锻炼他们的组织协调和团队合作能力。

9.5.3 课程特色与创新

经过多年的建设,本课程形成如下特色:

(1)重构课程体系,完善教学内容

基于工程教育专业认证理念,以信息获取、转换、处理为主线,从测控系统集成角度讲述虚拟仪器技术的原理、结构、程序设计及应用,体系完整、结构合理、层次清晰。

(2)强化实践训练,突出能力考核

围绕学生解决复杂工程问题能力的培养,设置课内实践和项目开发环节,通过"虚拟仿真、综合训练、实际应用、创新提高"四个渐进过程,培养学生的工程实践能力。基于面向产出的课程目标达成评价机制,设计了多样化、全过程的学业考核评价方式,并注重能力考核。采用定量评价和定性评价相结合的课程目标评价方法,为课程的持续改进提供合理有效的依据。

（3）开发教学资源，丰富教学手段

将网络技术与虚拟仪器技术相结合，开发了远程虚拟测控实验室和网络教学平台，建设了虚拟仪器创新实验室。以教学资源为载体，营造了有利于培养学生自主性、探究性学习能力的"学教并重，教依据于学、学受教于导"的互动式教学氛围，灵活性更大、实用性更好、教学的目的性与针对性更强，实现了真正意义上的"互动式""反馈式"教学。

9.6　虚拟仪器技术在专业能力提升中的应用

本专业将网络技术与虚拟仪器技术相结合，开发了具有创新性、达到国内先进水平的可视化、交互式、可共享的"远程虚拟测控实验室"。该实验室含有 100 余个虚拟实验，把传统仪器的测试功能用形象逼真的面板控件组合成软件模块，在计算机的协调下像实物仪器一样完成测试、处理、分析、显示等任务，得到与现实实验室相同的实验过程和测试结果。每个虚拟实验都包含"实验原理""功能描述""实验示例""在线实验"四个模块，层层递进，有利于启发学生的思维。远程虚拟测控实验室的主界面及部分程序运行界面如图 9-12 所示。

(a) 远程虚拟测控实验室主界面　　　　　(b) 频谱分析实验运行界面

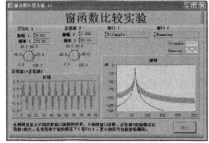

(c) 窗函数比较实验运行界面　　　　　(d) 位移测量及静态特性分析运行界面

图 9-12　远程虚拟测控实验室主界面及部分程序运行界面

　　虚拟实验中可在一台计算机上实现示波器、频谱分析仪等多种仪器功能，避免了重复购置器材的浪费，节约了大量资金，改善了实验条件，体现了"绿色实验"的理念。虚拟实验将实验教学搬进课堂、搬上网络，还可通过网络进行数据传送，教师还能通过计算机监控实验过程，同时管理几十个甚至上百个学生做实验。虚拟仪器技术实现了理论与实践的完美融合，促进了实验教学方法和手段的完善。

　　本专业将虚拟仪器与传感器、测控电路、计算机等硬件相结合，建设了 NI ELVIS 创新实验室。在该平台上，学生根据给定任务，结合理论知识设计实验方案，自制电路与接口，根据需要搭建个性化的检测系统、电子电路、信号调理及小型的电子机械设备控制等，编制程序进行试验并不断调整与完善，实现了闭环式训练，同时还可以根据兴趣创造性地添加更多新的功能，灵活应用所学的知识。平台中设有电子元件参数测试仪设计、数字温度计设计、常用滤波器设计、交通灯控制系统设计、虚拟直流电机转速计设计等创新型实验，如图 9-13 所示。通过这样的训练，可以培养学生想象、构思、自主实验的能力，还可以实现专业课知识的综合应用，从而提高学生分析问题、解决问题的能力。

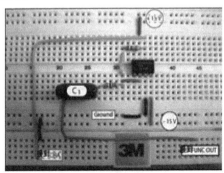

(a) 高通滤波器接线图

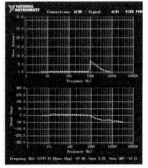

(b) 测试所得高通滤波器特性曲线

(c) 交通灯控制系统硬件接线图

(d) 交通灯自动运行测试图

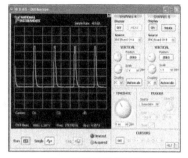

(e) 电动机转速计实物图　　　　　　(f) 转速计连续脉冲输出

图 9-13　NI ELVIS 创新型实验实例

　　本专业依托虚拟仪器社团、虚拟仪器工作室、NI ELVIS 创新实验室、远程虚拟测控实验室等教学实验平台，以工程任务为导向，以综合训练项目为载体，实现"虚拟仿真与综合训练互动"教学法。学生通过"虚拟仿真、综合训练、实际应用、创新提高"四个渐进互动过程，从初步入门到灵活自主应用阶段，有效培养学生发现问题、解决问题、学以致用和举一反三的能力。

　　下面以"虚拟多路温度测量系统设计"为例对"虚拟仿真与综合训练互动"教学法进行介绍，如图 9-14 所示。课题要求采用合适的温度传感器与虚拟仪器组建测温系统，解决温度测量的实际问题。其硬件系统为传感器及其调理电路、数据采集卡、CPU；软件系统为数据采集卡的驱动，温度的测量、显示与统计分析软件。

　　在实践创新能力培养过程中，坚持选题实际、过程实际、结果实际的原则，实现研发、制作过程真实化，达到零距离的效果。虚拟仪器社团和工作室实施动态化管理，即过程管理动态化、队伍构成动态化。对管理方法和参与人员不断调整和完善，形成优胜劣汰的机制。从招募成员、分工安排、制订计划、设计方案到项目实施，整个过程都由学生自主完成，锻炼了他们的组织协调和团队合作能力。

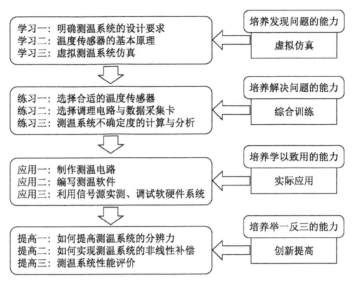

图 9-14 "虚拟仿真与综合训练互动"教学法示意图

参考文献

［1］刘君华，申忠如，郭福田. 现代测试技术与系统集成 ［M］. 北京：电子工业出版社，2005.

［2］王伯雄. 测试技术基础 ［M］. 北京：清华大学出版社，2003.

［3］杨乐平，李海涛，肖相生，等. LabVIEW 程序设计与应用 ［M］. 北京：电子工业出版社，2001.

［4］雷振山. LabVIEW 7 Express 实用技术教程 ［M］. 北京：中国铁道出版社，2004.

［5］刘勇求，赵望达，贺毅. 虚拟仪器技术应用现状及发展趋势 ［J］. 自动化博览，2004 (5)：16－18.

［6］王尚. 工业智能自动化仪器仪表的应用和发展 ［J］. 机电技术，2021 (3)：118－120.

［7］秦树人. 虚拟仪器：测试仪器从硬件到软件 ［J］. 振动. 测试与诊断，2000，20 (1)：4－9.

［8］尹爱军，孙兵，秦树人，等. 基于组态技术的虚拟仪器开发系统研究 ［J］. 现代科学仪器，2013 (5)：54－57.

［9］杨华，李洁，贺奇，等. 基于 LabVIEW 的多种测试仪器集成控制系统设计 ［J］. 电子制作，2021 (11)：61－63.

［10］韩小亮. 基于 GPIB 的自动测试系统设计与实现 ［J］. 信息技术与信息化，2020 (9)：231－233.

［11］王征宇，程小猛，陆海峰. 基于 CAN 总线和虚拟仪器技术的变频调速实时监控系统 ［J］. 电测与仪表，2020，57 (18)：1－4.

［12］曹锋，王海文，汪源. 虚拟仪器及应用 ［M］. 武汉：华中科技大学出版社，2018.

［13］耿立明，崔平，解璞. LabVIEW 2018 中文版虚拟仪器程序设计自学手册 ［M］. 北京：人民邮电出版社，2020.

[14] 杨咪，曾新红．"新工科"背景下非电类工科专业"电工电子实验"课程教学改革探索与实践 [J]．大学，2021（27）：117-119．

[15] 张其亮，陈永生，杜晓明．基于混合思维能力培养的计算机类实践教学改革与实施 [J]．实验技术与管理，2021，38（6）：203-207．

[16] 石云，张达，王宽，等．高校实践教学体系研究现状与发展动态 [J]．教育观察，2021，10（21）：1-7．

[17] 刘肖燕，左锋，张珏，等．新工科背景下面向复杂工程问题的自动化实验教学改革实践 [J]．实验室研究与探索，2020，39（9）：188-191．

[18] 邬华芝，潘雪涛，蔡建文，等．"传感器原理及应用"课程建设的研究与实践 [J]．常州工学院学报，2014，27（1）：76-79．

[19] 颜志刚，刘婷婷．测试技术与信号处理的课程教学改革 [J]．教育教学论坛，2016（36）：122-123．

[20] 郝军华，王云峰，王士福，等．基于虚拟仪器构建新型物理虚实结合教学模式 [J]．物理与工程，2021，31（3）：78-84．

[21] 白瑞峰，房朝晖，郝莹，等．融合现场总线技术的过程控制虚实结合实验系统构建 [J]．实验技术与管理，2017，34（9）：129-132．

[22] 胡景春，徐国荣，赵学敏，等．结合工程实际开展虚拟仪器课程实验教学 [J]．实验技术与管理，2016，33（12）：118-120．

[23] 张茜，雷勇．基于虚拟仪器技术的网络化远程实验室系统 [J]．实验室研究与探索，2013，32（9）：90-93．

[24] 赖红，王寅峰，何岭松．基于构件装配的虚拟仪器技术研究 [J]．现代制造工程，2013（6）：27-30．

[25] 韩立，秦树人．基于 WEB 的网络测试仪器及应用 [J]．中国测试，2011（6）：64-67．

[26] 熊诗波，黄长艺．机械工程测试技术基础 [M]．3 版．北京：机械工业出版社，2011．

[27] 潘雪涛，温秀兰．现代传感技术与应用 [M]．北京：机械工业出版社，2019．

[28] 周兵谊，王勇，曹亮．基于静态应变测试系统的应变与位移测试方法研究 [J]．机械与电子，2005（6）：17-20．

[29] 刘珂琴，潘雪涛．LabVIEW 在测量装置静态特性标定中的应用 [J]．

现代测量与实验室管理，2008（3）：6-8.

[30] 潘雪涛，金青，邬华芝，等. 基于 LabVIEW 的测试系统特性分析 [J].
仪表技术与传感器，2008（12）：24-27.

[31] 张玉燕，郑明月，刘健，等. 基于虚拟仪器的传感器静态特性测试系统
研究 [J]. 微计算机信息，2012（7）：12-13.

[32] 潘雪涛，邬佳伟. 变间隙自感式传感器线性度和量程关系的探讨 [J].
电子元件与材料，2007（2）：27-30.

[33] 费业泰. 误差理论与数据处理 [M]. 5 版. 北京：中国标准出版
社，2005.

[34] 陈花玲. 机械工程测试技术 [M]. 3 版. 北京：机械工业出版社，2018.

[35] 赵汗青，高兴海，李海燕. 悬臂梁振动参数的实验测试方法分析与比较
[J]. 实验室研究与探索，2009，28（12）：47-49.

[36] 梁志国，邵新慧. 基于残周期正弦拟合的振动参数测量 [J]. 振动与冲
击，2013，32（18）：91-94.

[37] 陈克，刘玉博，张晓冬. 正弦激振力作用下变速箱箱体的稳态响应分析
[J]. 沈阳理工大学学报，2020，39（5）：66-71.

[38] 潘雪涛，张美凤，张亚锋，等. "传感器原理及应用"网络平台的研发
与应用 [J]. 常州工学院学报，2011，24（1）：72-76.

[39] 张文广，秦亮，刘生华. 基于 PXIe 总线的网络化测控技术实验系统
[J]. 实验室研究与探索，2018，37（10）：157-161.

[40] 刘志华，吴韬，曹瑞明. 基于 DataSocket 技术的设备状态监测与故障
诊断系统 [J]. 微型机与应用，2015，34（24）：84-87.

[41] 潘雪涛，申阳，邬华芝，等. LabVIEW 在振动系统特性参数测量中的
应用 [J]. 常州工学院学报，2008，21（2）：23-26.

[42] 潘雪涛，申阳，邬华芝，等. 基于虚拟仪器的远程振动测试及分析系统
[J]. 微计算机信息，2008，24（10-1）：260-262.

[43] 张翼鹏，陈亮，郝欢. 一种改进的基于 FFT 的信号插值算法 [J]. 数据
采集与处理，2013，28（2）：173-177.

[44] 金青，潘雪涛，申阳，等. 基于 Data Socket 技术的远程振动虚拟测试
系统的设计 [J]. 工矿自动化，2008（5）：40-43.

[45] 朱小良，方可人. 热工测量及仪表 [M]. 3 版. 北京：中国电力出版

社，2011.

[46] REN Y J，DING X H，YANG X Y. The application of temperature sensor TMP36 and the assembly algorithm of multidigit decimal resolving [J]. Applied Mechanics and Materials，2012，130－134：4210－4215.

[47] 赵秋明，赵明剑，王卫东. 低电压、高速、高稳定性集成运算放大器芯片设计 [J]. 微电子器件与技术，2010，47（7）：451－455.

[48] 龚瑞昆，李静源，张冰. 高精度铂电阻测温系统的实现 [J]. 仪表技术，2008（7）：9－10.

[49] 夏敖敖. 消除引线电阻影响的三线制测量方法 [J]. 电子工程师，2003，29（11）：24－26.

[50] 杨新华，苏军希. 基于铂电阻的高精度温度检测电路 [J]. 化工自动化及仪表，2004，31（6）：82－83.

[51] 刘金华，解同信. 热电偶传感器的温度测试 [J]. 北京工业职业技术学院学报，2007，6（2）：35－38.

[52] 孙惠丽，林凌. 低功耗单双电源供电的轨对轨仪表放大器 AD627 [J]. 国外电子元器件，2002（7）：33－34.

[53] 蔡兵. 基于集成温度传感器的热电偶冷端补偿方法 [J]. 传感器技术，2005，24（11）：18－20.

[54] 常广晖，常书平，张亚超. 高精度热电偶测温电路设计与分析 [J]. 计算机测量与控制，2021，29（3）：67－71.

[55] 潘雪涛. 基于 Data Socket 技术的远程铂电阻测温系统 [J]. 仪表技术与传感器，2009（9）：101－104.

[56] 贺洪江，王柏盛. 关于数据采集和数字滤波的研究 [J]. 工矿自动化，2004，30（3）：48－49.

[57] 蒋博，丁炯，叶树亮，等. 铂电阻温度计自动标定系统设计 [J]. 自动化仪表，2016，37（5）：71－74.

[58] 邱晓波，单东升，杜峰. 热敏电阻温度测量的对数优化曲线拟合法 [J]. 仪表技术与传感器，2008（6）：91－92，98.

[59] 刘珂琴，潘雪涛. 基于虚拟仪器的远程热电偶测温系统设计 [J]. 仪表技术与传感器，2010（6）：27－29，103.

[60] 潘雪涛，李浪，孟庆洋，等. 基于虚拟仪器和 USB 技术的热电偶测温

系统设计 [J]. 计算机测量与控制，2011，19（10）：2340 - 2343.

[61] 黄康文，秦训鹏，杨世明，等. 重载 AGV 液压转向模糊 PID 控制 [J]. 液压与气动，2021，45（7）：108 - 115.

[62] 刘吉名，白小峰，何世安. 基于位置式 PID 温控系统设计 [J]. 环境技术，2020，38（6）：124 - 127.

[63] 曹湘斌，颉炯. 基于多传感器数据融合的机器人测距系统设计 [J]. 电气传动自动化，2020，42（6）：16 - 18.

[64] 朱玉华，马智慧，付思，等. 计算机控制及系统仿真 [M]. 北京：机械工业出版社，2018.

[65] 王江，熊京京，刘明德，等. 基于嵌入式平台 MyRIO 的成熟草莓识别 [J]. 南方农机，2020，51（3）：9 - 10.

[66] Devendra Somwanshi, Mahesh Bundele, Gaurav Kumar. Comparison of Fuzzy - PID and PID Controller for Speed Control of DC Motor Using LabVIEW [J]. Procedia Computer Science，2019（152）：252 - 260.

[67] 贺英魁. GPS 测量技术 [M]. 重庆：重庆大学出版社，2010.

[68] 谭显坤，宿靖波，李雷. PID 控制器的模糊优化与参数学习自整定 [J]. 机床与液压，2013，41（24）：116 - 120.

[69] 卢艳军，吴金宇，张晓东. 四旋翼飞行器动力系统模型参数辨识实验研究 [J]. 科学技术与工程，2019，19（4）：9 - 15.

[70] 田睿，孙迪飞. 四旋翼飞行器物理数学模型及微控制系统设计 [J]. 电子技术应用，2019，45（12）：74 - 77.

[71] 罗金灿，吴亚妃，付发，等. 基于 STM32 的姿态检测仪设计 [J]. 仪表技术，2020（6）：31 - 34.

[72] 李二闯，张建杰，袁亮，等. 基于四元数互补滤波的小型四旋翼姿态解算 [J]. 组合机床与自动化加工技术，2019（3）：37 - 39，43.

[73] 方志烈. 半导体照明技术 [M]. 2 版. 北京：电子工业出版社，2018.

[74] 李炳乾，布良基，甘雄文，等. LED 正向压降随温度的变化关系研究 [J]. 光子学报，2003，32（11）：1349 - 1351.

[75] 郭杰，马军山，饶丰，等. 采用 RBF 神经网络与光谱参数的 LED 结温预测 [J]. 软件导刊，2018，17（8）：53 - 56.

[76] 郭杰，饶丰，张美凤，等. 采用动态差分模型表征脉冲驱动 LED 电热

特性［J］.半导体光电，2021，42（3）：385-389.

［77］李立，范传良，胡增顺.基于 LabVIEW 和 NI myDAQ 的智能心率仪设计［J］.自动化仪表，2018，39（4）：64-67.

［78］周鹏程，王志.基于铂电阻多测点温度测量系统及其应用［J］.传感器与微系统，2019，38（6）：158-160.

［79］张玉清.基于 LabVIEW 的虚拟示波器的仿真设计［J］.工业控制计算机，2016（5）：88-89.

［80］陈昌鑫，靳鸿，冯彦君，等.数据采集卡和虚拟示波器系统［J］.仪表技术与传感器，2012（3）：67-69.

［81］胡宁，徐兵.基于 LABVIEW 的频谱分析仪的设计［J］.计算机测量与控制，2013（5）：1404-1407.

［82］王书锋，王策，梁燕.基于 LabVIEW 的广义线性滤波器设计与应用研究［J］.电测与仪表，2009，46（521）：13-15.

［83］蔡建文，潘雪涛，张美凤，等.地方高校测控技术与仪器专业人才培养模式［J］.电气电子教学学报，2016，38（2）：25-28.

［84］卢艳军，徐涛.面向工程教育专业认证的测控技术与仪器专业培养方案研究［J］.大学教育，2018（5）：89-91.

［85］董爱华，余琼芳，王福忠，等.测控技术与仪器本科专业培养方案的研究与实践［J］.中国大学教学，2013（11）：50-52.

［86］于洋，刘军，赵亚威.面向仪器仪表产业的课程体系改革研究［J］.教育现代化，2016（38）：101-102.

［87］杨洪涛，王小兵.工程教育专业认证标准下的测控专业实践教学的改革与实践［J］.实验技术与管理，2017，34（6）：183-186.

［88］潘钊，侯培国，孟宗，等.基于情境构建培养解决复杂工程问题能力［J］.电气电子教学学报，2020，42（3）：16-21.

［89］郭杰，潘雪涛."虚拟仪器与应用"双语教学探索与实践［J］.中国电力教育，2010（18）：111-112.

［90］郭杰，张美凤.基于 POPBL 的研究性教学模式研究——以《虚拟仪器技术》课程为例［J］.软件导刊，2015，14（12）：224-225.

［91］潘雪涛，邬华芝，蔡建文，等.创新虚拟实验教学模式 培养自主学习能力［J］.实验室研究与探索，2014，33（11）：72-76.